MODELAGEM EM EDUCAÇÃO MATEMÁTICA

COLEÇÃO TENDÊNCIAS EM EDUCAÇÃO MATEMÁTICA

MODELAGEM EM EDUCAÇÃO MATEMÁTICA

João Frederico da Costa de Azevedo Meyer (Joni)
Ademir Donizeti Caldeira
Ana Paula dos Santos Malheiros

4ª edição

autêntica

COORDENADOR DA COLEÇÃO TENDÊNCIAS EM EDUCAÇÃO MATEMÁTICA
Marcelo de Carvalho Borba
gpimem@rc.unesp.br

CONSELHO EDITORIAL
Airton Carrião/Coltec-UFMG; Arthur Powell/Rutgers University; Marcelo Borba/UNESP; Ubiratan D'Ambrosio/UNIBAN/USP/UNESP; Maria da Conceição Fonseca/UFMG.

EDITORAS RESPONSÁVEIS
Rejane Dias
Cecília Martins

REVISÃO
Vera Lúcia De Simoni Castro

CAPA
Diogo Droschi

DIAGRAMAÇÃO
Camila Sthefane Guimarães

Dados Internacionais de Catalogação na Publicação (CIP)
(Câmara Brasileira do Livro, SP, Brasil)

Meyer, João Frederico da Costa de Azevedo
Modelagem em Educação Matemática / João Frederico da Costa de Azevedo Meyer, Ademir Donizeti Caldeira, Ana Paula dos Santos Malheiros – 4. ed.; – Belo Horizonte : Autêntica Editora, 2019. – (Coleção Tendências em Educação Matemática)

ISBN 978-85-513-0645-1

1. Matemática – Estudo e ensino 2. Modelos matemáticos I. Caldeira, Ademir Donizeti. II. Malheiros, Ana Paula dos Santos. III. Título. IV. Série.

11-11368 CDD-511.8

Índices para catálogo sistemático:
1. Modelagem matemática 511.8

Belo Horizonte
Rua Carlos Turner, 420
Silveira . 31140-520
Belo Horizonte . MG
Tel.: (55 31) 3465 4500

São Paulo
Av. Paulista, 2.073 . Conjunto Nacional
Horsa I . 23º andar . Conj. 2310-2312
Cerqueira César . 01311-940 . São Paulo . SP
Tel.: (55 11) 3034 4468

www.grupoautentica.com.br

Nota do coordenador

A produção em Educação Matemática cresceu consideravelmente nas últimas duas décadas. Foram teses, dissertações, artigos e livros publicados. Esta coleção surgiu em 2001 com a proposta de apresentar, em cada livro, uma síntese de partes desse imenso trabalho feito por pesquisadores e professores. Ao apresentar uma tendência, pensa-se em um conjunto de reflexões sobre um dado problema. Tendência não é moda, e sim resposta a um dado problema. Esta coleção está em constante desenvolvimento, da mesma forma que a sociedade em geral, e a, escola em particular, também está. São dezenas de títulos voltados para o estudante de graduação, especialização, mestrado e doutorado acadêmico e profissional, que podem ser encontrados em diversas bibliotecas.

A coleção Tendências em Educação Matemática é voltada para futuros professores e para profissionais da área que buscam, de diversas formas, refletir sobre essa modalidade denominada Educação Matemática, a qual está embasada no princípio de que todos podem produzir Matemática nas suas diferentes expressões. A coleção busca também apresentar tópicos em Matemática que tiveram desenvolvimentos substanciais nas últimas décadas e que podem se transformar em novas tendências curriculares dos ensinos fundamental, médio e superior. Esta coleção é escrita por pesquisadores em Educação Matemática e em outras áreas da Matemática, com larga experiência docente, que pretendem estreitar as interações entre a Universidade - que produz pesquisa - e os diversos cenários em que se realiza essa educação. Em alguns livros, professores da educação básica se tornaram também autores. Cada livro indica uma extensa bibliografia na qual o leitor poderá buscar um aprofundamento em certas tendências em Educação Matemática.

Neste livro os autores, a partir de suas experiências e pesquisas em diferentes contextos, analisam diversos aspectos da Modelagem e suas relações com a Educação Matemática. Eles resgatam o percurso histórico da Modelagem, lembram como a Matemática Aplicada influenciou sua trajetória até chegar à Modelagem Matemática, e ainda discutem suas relações e possibilidades considerando a sala de aula, os paradigmas educacionais, a formação de professores e as práticas docentes. A Modelagem pode ser vista como estratégia na qual o aluno ocupa lugar central na escolha do currículo a ser praticado em sala de aula. Discutem e exemplificam várias perspectivas da Modelagem e a sua relação com outras áreas de conhecimento e tendências em Educação Matemática. Para os autores, a Modelagem deve ser Datada, Dinâmica, Dialógica e Diversa e é a partir desses quatro Ds que eles apresentam suas vivências em Modelagem e a compreendem como um meio de educar matematicamente. O livro traz uma reflexão sobre as bases teóricas e práticas da Modelagem, além de levar a Modelagem para perto dos professores de Matemática, sem deixar de considerá-la no contexto da Educação Matemática.

Marcelo C. Borba[*]

---

* Marcelo de Carvalho Borba é licenciado em Matemática pela UFRJ, mestre em Educação Matemática pela Unesp (Rio Claro, SP) doutor, nessa mesma área pela Cornell University (Estados Unidos) e livre-docente pela Unesp. Atualmente, é professor do Programa de Pós-Graduação em Educação Matemática da Unesp (PPGEM), coordenador do Grupo de Pesquisa em Informática, Outras Mídias e Educação Matemática (GPIMEM) e desenvolve pesquisas em Educação Matemática, metodologia de pesquisa qualitativa e tecnologias de informação e comunicação. Já ministrou palestras em 15 países, tendo publicado diversos artigos e participado da comissão editorial de vários periódicos no Brasil e no exterior. É editor associado do ZDM (Berlim, Alemanha) e pesquisador 1A do CNPq, além de coordenador da Área de Ensino da CAPES (2018-2022).

Sumário

Prefácio

Lourdes Maria Werle de Almeida*

A história da Modelagem Matemática na Educação Matemática, no Brasil, remete ao final da década de 1970. Ainda que profissionais, por vezes agregados em torno de temáticas associadas ao que se convencionou chamar "Matemática Aplicada", já estivessem familiarizados com esta perspectiva de "fazer Matemática", foi a partir dessa época que professores, e porque não dizer alunos, de diferentes níveis de escolaridade passaram a ser os personagens principais dessa história.

Associada, naquela época, e em grande medida, a uma oposição ao Movimento da Matemática Moderna, a Modelagem vem se configurando como uma maneira de "fazer Matemática" nas aulas (ou fora delas) relacionada ao que os autores deste livro se referem como Matemática na vida ou Matemática para a vida.

Nesse sentido, "coisas da vida" passam a figurar como ou a ser "coisas da Matemática", e é a partir delas que se constituem histórias de Matemática, histórias de aulas de Matemática.

Se por um lado muitos autores – por exemplo, Nuno Crato, no prefácio de seu livro *A matemática das coisas* – nos falam do sucesso de histórias matemáticas, outros tantos se debruçam sobre o insucesso revelado em histórias de aulas de Matemática.

Yves Chevallard, nesse contexto, se refere a um elo perdido entre um ensino que quer controlar o processo didático e uma aprendizagem

---

* Professora da UEL e coordenadora do GT de Modelagem da SBEM.

que deveria se dar como consequência desse ensino. As fragilidades da aprendizagem serviriam quase como mote para caracterizar a falta de sucesso em histórias de aulas de Matemática.

Em contraposição a esse quadro é que professores como Rodney Bassanezi passaram a conduzir suas aulas ou atividades em diferentes instâncias educacionais através da Modelagem Matemática e defenderam essa condução nos meios acadêmicos, seja em palestras ou eventos, seja em livros ou periódicos especializados da área de Educação Matemática.

Ainda que a provisoriedade do saber bem como a própria constituição da Educação Matemática como área de conhecimento tenham conduzido os investimentos nas pesquisas e nas práticas com relação à Modelagem por diferentes perspectivas, a profícua possibilidade de pensar a Modelagem Matemática como um "jeito" de apresentar relações entre a Matemática e a cotidianidade não se perdeu.

Este livro é um exemplo disso. Os autores nos brindam com uma obra cuja leitura, em alguns momentos, nos proporciona o deleite com um texto mais filosófico em que metáforas nos auxiliam a ver a importância e a beleza da Modelagem Matemática e, em outros, nos traz para um plano mais racional em que se debruça sobre a exatidão, a clareza e o rigor com que gostamos de nos expressar em nossas aulas de Matemática.

Um texto introdutório, quatro capítulos e considerações finais constituem a estrutura do livro. Na introdução os autores convidam o leitor a compartilhar uma viagem que eles vêm seguindo, e almejam, entretanto, que cada leitor trace caminhos e perspectivas pessoais para a Modelagem Matemática na sala de aula. No decorrer dos capítulos, ora com olhar na própria Matemática, ora com olhar para além dela, a Modelagem Matemática vai sendo elucidada. Com exemplos às vezes matemáticos e às vezes não matemáticos, os autores falam de Modelagem e sobre Modelagem na Educação Matemática, discutindo desde aplicações na sala de aula até paradigmas educacionais e o papel da Modelagem nesse contexto, e também perspectivas da Modelagem Matemática como tendência metodológica para a educação matemática e suas relações com outras áreas. Os autores concluem o livro referindo-se à Modelagem Matemática como "datada, dinâmica, dialógica e diversa". Entretanto, ainda com essa configuração, constitui-se meio para contribuir para a formação dos estudantes nos diferentes níveis de escolaridade.

Embora com um toque pessoal dos autores, o livro traz referências nacionais e internacionais importantes da área cujas articulações são exploradas no texto. Esta é mais uma característica que faz do livro obra importante para a consolidação da Modelagem Matemática na Educação Matemática e referência que irá influenciar pesquisas e práticas entre os interessados em Modelagem.

Se, por um lado aceitar, o convite para escrever este prefácio foi um desafio, por outro, a oportunidade de ler o texto é uma dádiva que me foi concedida pelos autores. Grande parte de meus passos nos caminhos da Modelagem seguem "pegadas" especialmente do primeiro autor do livro. E assim pensando (ou sentindo) posso afirmar que é uma honra escrever este prefácio.

Introdução

Há alguns anos (talvez até mais do que "alguns"), com a coordenação do Professor Rodney Carlos Bassanezi,[2] diversos professores de algumas universidades participaram de um curso de extensão no interior do Estado do Paraná. Nesses cursos, o primeiro autor deste livro trabalhava com a Modelagem Matemática de fenômenos sociais, econômicos, ambientais escolhidos logo no início pelos alunos (em sua quase totalidade professores de Matemática): eram problemas que eles selecionavam de uma série de atividades de visitas a setores da comunidade, como fábricas, cultivos, serviços municipais, regiões das cidades, etc. À medida que se sucediam as diversas disciplinas, os grupos aproveitavam tudo o que era aí aprendido no estudo das situações eleitas, na sua compreensão e, em muitos casos, propondo modificações em processos, atitudes e soluções adotadas. O mote era o de que a Matemática é tão necessária quanto outras ciências para se poder avaliar a vida à nossa volta. Essa é uma postura diferente daquela de que "em tudo há Matemática": baseia-se, antes, na premissa de que em tudo se faz necessário quantificar aspectos relevantes para uma compreensão crítica daquilo que acontece – ou que poderá vir a acontecer!

Assim foi, por exemplo, com um grupo que, ao estudar um apiário, resolveu seguir a orientação do Professor Rodney, "medindo e

[2] Docente da Universidade Federal do ABC.

fazendo contas", sobre diversos aspectos relacionados à produção de mel ali observada. Os alunos questionaram o produtor quanto à diferença significativa entre as médias de abelhas que entravam e saíam de duas diferentes colmeias. O produtor verificou – e, em seguida, comprovou com o trabalho estatístico dos alunos – que, nas colmeias "prontas" para fornecer mel, o trânsito de abelhas era muito menor do que naquelas em que havia ainda muito trabalho para que a colmeia estivesse, analogamente, pronta para "entregar a produção". Neste caso, o que ocorreu foi o uso da Matemática (a qual poderíamos chamar de "Matemática da escola"), de estatística, de correlação e de lógica para entender aspectos "matematizáveis" de uma situação e de usar os cálculos para substituir o processo tradicional (e invasivo) de abrir a colmeia periodicamente para verificar se já estava "cheia". Naquele apiário esse procedimento tradicional foi substituído pela contagem das abelhas que, por unidade de tempo, entravam e saíam de cada colmeia.

Em outro curso desse tipo, no sul do então Estado do Mato Grosso,[3] dois grupos de professores, ao realizar trabalhos de cálculo numérico, verificaram que, com os modelos construídos, poderiam avaliar criticamente dois problemas: um, o da cobrança de juros em compras à prestação (através do cálculo aproximado de raízes de polinômios de grau equivalente ao número de prestações); outro, o do abastecimento de água da cidade em função do crescimento populacional. Ambos os estudos modificaram o *status quo*. No primeiro caso, o valor da prestação foi renegociado, enquanto, no segundo, os resultados foram enviados à prefeitura, que, então, deu início aos trâmites para encontrar e efetivar novas fontes de abastecimento de água para a população da cidade.

Essas histórias ilustram a postura da Modelagem Matemática em aprendizagem da vida. É um uso de Matemática que, mesmo podendo se constituir num fim em si mesmo para os matemáticos, para a enorme maioria de nossos alunos, deve e precisa ser um instrumental de avaliação do mundo: é, antes, também um meio complementar de se – como afirma Paulo Freire – "ler o mundo". Ler o mundo e tentar entendê-lo em seus muitos e diversos aspectos.

[3] Cursos realizados respectivamente nas cidades de Cuiabá e Três Lagoas.

De certo modo, podemos traçar um paralelo entre a filosofia de educação de Paulo Freire e o trabalho escolar com a Modelagem Matemática de fenômenos de interesse dos alunos e de suas comunidades. Nos cursos acima mencionados de especialização em Matemática na formação continuada de professores de ensino fundamental, médio e superior, foi possível estudar e entender de modo mais efetivo uma série de situações escolhidas pelos grupos de professores que, como alunos, participavam do curso: problemas da escolha de cada grupo, escolhas negociadas, escolhas comprometidas, escolhas baseadas na relevância de cada "problema gerador". Tais escolhas não se apoiavam no método ou no procedimento matemático a ser adotado em sua posterior análise. Pelo contrário, os problemas foram selecionados pela sua relevância para os membros do grupo e isso ocorria logo no início do curso. Ao longo das disciplinas, aqueles aspectos matemáticos aprendidos eram utilizados (ou não) na formulação e na reformulação de modelos, no estudo dos problemas matemáticos gerados, em sua solução (ou na obtenção de soluções aproximadas) e no uso de Matemática também na avaliação crítica de resultados obtidos e estudados. Desta forma, a Matemática surgia muitas vezes como mais um instrumento, ainda que essencial, na compreensão do mundo, e na avaliação de possibilidades de ação, junto com outros ramos do conhecimento – e do bom senso!

Em outras palavras, não era uma prática de Modelagem Matemática que partisse desse ou daquele conteúdo matemático que professor, programa ou curso precisassem ou quisessem "ensinar" aos alunos ou pretendessem que os alunos "aprendessem": os problemas e seus estudos é que determinavam que caminhos matemáticos, que conteúdos conhecidos ou por aprender, quais técnicas ou procedimentos matemáticos teriam de ser "explorados" – e estudados, pelos alunos: eram, na verdade, instrumentos necessários para se aprender sobre o problema.

Em outro contexto, em um minicurso ministrado em conjunto com o Prof. Antonio Carlos Carrera de Souza,[4] na cidade de Aracaju, no Estado de Sergipe, um dos autores foi alertado por uma professora

[4] Professor aposentado do Departamento de Educação da UNESP, Rio Claro, SP.

da pré-escola de que isso era "muito bonito", mas impraticável no nível de ensino em que ela trabalhava. O minicurso parou, e a turma foi posta a discutir como se matematizar o problema de impacto ambiental (apontado pela professora como o principal de sua pré-escola). A sugestão foi a de levar os alunos a um trabalho de campo em regiões poluídas por lixo plástico e, aí, pedir a esses alunos que, para cada garrafa PET ou copinho de iogurte, desenhassem numa grande folha de papel quadriculado, uma bolinha de determinada cor. Na semana seguinte, a mesma atividade em outro local, e com outra cor. De volta à sala de aula, como reagiriam os alunos à pergunta sobre qual dos locais sofriam mais impacto por plástico. Na acepção daquela classe, os alunos seriam capazes de "ver" a quantidade maior de bolinhas de uma das cores, mesmo sem contá-las. A rigor, isso seria uma aplicação direta de Diagramas de Venn, mesmo que intuitiva: uma Modelagem Matemática na compreensão do problema. Neste caso, caberia à professora "escolher" o problema, mas a visualização qualitativamente comparativa dos impactos era a dos próprios alunos.

Em outro trabalho com professores em comunidades em ilhas na região de Paranaguá, no Estado do Paraná, o segundo autor deste livro introduziu a matematização de alguns problemas que a própria comunidade levantou, como, por exemplo, montar um projeto de construção de uma caixa d'água para a vila, um problema que "trouxe" a necessidade de cálculo de distâncias, médias, avaliações, volumes para o ambiente escolar.

Os exemplos citados mostram um pouco do procedimento de Modelagem Matemática adotado pelos autores, procedimento esse que, grosso modo, pode ser caracterizado por incluir três passos principais: o da *formulação*, o do estudo de *resolução* (ou, em muitos casos – aliás, a maioria – o de *resolução aproximada*) e o de *avaliação*. Para nós, autores, os passos mencionados pressupõem o diálogo, a negociação e o acordo.

Talvez o que se esperasse, aqui, fosse a introdução de um esquema, uma figura, um fluxograma que "contasse a história" das modelagens matemáticas. Dificilmente encontraremos um esquema que sirva para todos os processos. Podemos, sim, contar histórias, realçar aspectos, criticar resultados obtidos no passado, e esperar que cada leitor forme o "seu" diagrama de Modelagem Matemática. Vale lembrar que, na parte de formulação – que inclui tanto a proposição de um problema matemático quanto sua simplificação em termos de hipóteses significativamente intervenientes e uma consequente formulação em linguagem do universo matemático –, é possível considerar que estamos num passo que inclui a "leitura do mundo" e, dialogicamente, sua expressão matemática. No estudo do problema matemático formulado (mesmo que seja na matematização de aspectos importantes), podemos caracterizar o que Skovsmose (2001, p. 23) denomina "consideração crítica dos conteúdos", assim como podemos, na consideração crítica dos resultados da Matemática e sua validação, perceber o que esse mesmo autor chama de "distância crítica" (Skovsmose, 2001). Esse resultado obtido na abstração matemática ou por processos matemáticos de resolução e aproximação se presta ao problema inicialmente proposto? Como o leitor percebe, os três passos de formulação, resolução e avaliação, que deve ser crítica, compõem o quadro da Modelagem Matemática – e essa terna talvez sirva, no lugar de um esquema diagramático, como a figura que falta a esta introdução. Que essa falta seja apenas no texto impresso, e jamais na percepção de cada leitor.

No que se segue nesta obra, esperamos que o leitor possa nos acompanhar em uma viagem. Não uma daquelas viagens em que nos cabe o papel de guias turísticos, mostrando esse ou aquele cenário que para nós é bonito e importante: mais do que isso.

Queremos, isto sim, que o leitor possa compartilhar de uma viagem que vimos seguindo há anos e pretendemos estimular o leitor às próprias descobertas, com a esperança de que, nessas suas andanças, o leitor tenha também de enfrentar desafios, descobrir novos horizontes inclusive em si mesmo, e abrir os próprios caminhos.

Conversando sobre este texto e as propostas que nós, autores, fomos formulando e reformulando, ficou um desejo: o de configurar este trabalho pensando na professora e no professor que, em sala de aula (ou na sala de professores), quer trabalhar com Modelagem Matemática. Mas não é um livro de autoajuda, claro, nem um roteiro de trabalho: há nisso um caráter misto, mesmo porque tentamos conjuntamente manter esse espírito sem perder um mínimo de acadêmica organização. É certo que nos propusemos um desafio nem sempre possível de ser realizado, mas isso é bem como fazer Modelagem Matemática na vida: um desafio em aberto.

Ainda, a partir de então, o leitor encontrará, em alguns momentos, o termo "Modelagem" sem o adjetivo "Matemática". Nossa proposta é utilizá-lo quando estivermos falando da Modelagem realizada no contexto da Educação Matemática, a da sala de aula, a qual é diferente daquela realizada pelos matemáticos aplicados. Com isso, esperamos deixar claro quando estamos nos referindo a uma ou a outra.

Capítulo I

Da Matemática à Modelagem

No que se refere às tendências da Matemática, e de maneira bastante simplista, podemos inicialmente classificar atividades ligadas ao ensino de Matemática em quatro principais grupos denominados de "quatro ismos" (Blaire, 1981; 1981a): o Logicismo, que surgiu na Inglaterra e foi liderado por Whitehead e Russel; o Intuicionismo, que teve origem na Holanda e teve como líder Brouwer; o Formalismo, surgido na Alemanha e liderado por Hilbert, e o Hipoteticismo, que também surgiu na Inglaterra e foi fundamentado pelas ideias de Lakatos e Pierce. Deixemos claro, entretanto, que nosso objetivo aqui não é fazer um estudo aprofundado sobre a Filosofia da Matemática e suas correntes filosóficas e, sim, apresentar ao leitor ideias que convergem para o caminhar da Matemática na história. Um estudo inicial sobre o tema pode ser encontrado em Bicudo e Garnica (2011). Para efeito deste livro, queremos, de forma "bem livre", apenas fazer uma analogia ou uma associação entre as escolas filosóficas e o cotidiano da Educação Matemática.

Nesse sentido, as três primeiras escolas mencionadas anteriormente tiveram origem há pouco mais de um século, motivadas por questões e problemas surgidos com os paradoxos da Teoria dos Conjuntos, elaborados por Cantor e tendo suas bases filosóficas no Realismo, no Conceptualismo e no Nominalismo, respectivamente. E o último, mais recentemente, foi decorrente da teoria defendida por Popper.

Na qualidade de professores, consideramos que o trabalho docente pode nos levar a transitar, simultaneamente, por todas. Podemos atuar como logicistas, quando sustentamos, por exemplo, que as leis da Matemática são deriváveis da lógica ou são "redutíveis" às leis lógicas, pois, de acordo com Bicudo e Garnica (2011), a ideia do logicismo é reduzir a Matemática à Lógica, com o objetivo de evitar contradições. Também somos logicistas quando tentamos provar a consistência da Matemática.

Quando Frege (1848-1925), que pela primeira vez traduziu de forma concreta a interpretação lógica da Matemática, pensou que tinha conseguido prová-la, Russel (1872-1970) discordou, dizendo que nem sequer havia sido provado que a Matemática era consistente. Outro historiador também disse que, em uma carta de 1902, Russell expunha a Frege uma antinomia que, segundo este, numa demonstração talvez exagerada de honestidade científica, derrubava os fundamentos de suas *Leis fundamentais*. Trabalhamos com o logicismo naquilo que é belo, ou seja, no que nos vem dos gregos. Para os gregos, o que era importante e tinha que ser belo era ligado aos deuses. Nós também somos logicistas quando, independentemente da nossa ideologia em termos de Educação Matemática, achamos que uma demonstração é mais elegante que outra, e, às vezes, somos logicistas porque isso nos convém para motivar o aprendizado.

Também podemos agir como formalistas no ensino de Matemática, como Hilbert (1862-1943) foi. Encarar a Matemática como um sistema rigoroso que, partindo dos axiomas e dos termos iniciais, se desenvolve numa cadeia ordenada de fórmulas, mediada por teoremas, sem nunca sair de si mesma, ou seja, tornar a Matemática a ciência dos sistemas formais (Bicudo; Garnica, 2011). Conta-se sempre a história do professor que colocava um cartaz na porta de sua sala "deixe esta porta sempre fechada" e alguém acrescentou "quando ela estiver aberta".

Essa é uma piada prática de como nós, professores, podemos levar às raias da bobagem essa prática da postura do formalismo. Se o sujeito tivesse de escrever "maior ou igual" e escreveu "estritamente maior", isso está, sob o ponto de vista do formalismo, errado. Muitas vezes somos formalistas porque a linguagem matemática, além de muito poderosa, é estritamente formal. Em consequência, a linguagem do professor de Matemática é extremamente objetiva, porque estamos presos também a esse formalismo da Matemática.

Mas, muitas vezes, também agimos com a intuição. Por exemplo, trabalhamos os triângulos, depois trabalhamos com quadrados e depois perguntamos aos alunos: "O que vocês acham que vai acontecer com o pentágono? O que vocês acham que deve acontecer com o hexágono?". Frequentemente os alunos "adivinham" a resposta, ou seja, eles não a provaram formalmente, eles não desenvolveram o tratado lógico ou formal para chegar àquela conclusão, mas têm o "cheiro do vento", isto é, eles sabem se vai chover porque está cheirando chuva hoje. E esse "adivinhar" pode ser relacionado com algumas fases e procedimentos que fazem parte do trabalho com a Modelagem Matemática, e que foram ilustrados na introdução deste livro.

Uma quarta postura que adotamos ou podemos adotar é denominada de "hipoteticismo". Seu principal autor é Lakatos (1922-1973), contrário à noção clássica do desenvolvimento da Matemática como uma acumulação contínua de verdades estabelecidas, que sublinhava o caráter falível da Matemática. Dizia que esta toma como ponto de partida os problemas e as conjecturas e que crescem pela crítica e pela correção de teorias, sempre sujeitas a ambiguidades e erro. Concebia a Matemática como processo, como construção integrada às atividades humanas. É uma linha mais recente que começou com uma postura filosófica do século passado.

O professor, que atua analogamente a um hipoteticista, trabalha com modelos matemáticos em que se quer fornecer para o aluno uma "caixa de ferramentas matemáticas" com as quais ele consegue analisar, estudar e compreender o que está acontecendo em volta dele. Com isso, não estamos reforçando apenas o aspecto utilitário da Matemática, em que ela pode ser vista somente como um instrumental para a formalização das outras ciências, descaracterizando a importância da sua axiomatização.

Reconheçamos, então, que, em cada um de nós, professores, existe um pouco de cada uma dessas tendências segundo o momento, a necessidade, o comportamento dos alunos e o tema de interesse do professor e da classe (interesse esse que pode ser matemático ou não).

É para reforçar esse ponto que fizemos tal paralelo entre aspectos gerais da filosofia da Matemática e o cotidiano do professor. Assim, estamos assumindo que o trabalho como professores de Matemática nos faz passear por diversas tendências e concepções metodológicas.

Acreditamos ser importante contextualizar a Matemática para poder falar sobre seu ensino e sua aprendizagem, sem desconectar uma coisa da outra. Nesse cenário, o tempo também tem que ser considerado.

Se estivéssemos falando como um professor de Matemática dos anos 1950, o hipoteticismo não existiria, ele nem sequer era cogitado. Alguns anos atrás, os professores ministravam (e muitos ainda continuam) a mesma aula de Matemática para quem fazia Estatística, Geologia, Matemática, Agronomia ou Mecatrônica, porque a Matemática era uma só. Diziam os professores daquela época, "quem quer aprender, aprende que a Matemática é essa". Acreditamos que tal fato também ocorria (e ainda ocorre) no contexto da Educação Básica. Hoje, em muitas diferentes circunstâncias, começamos a considerar e a estudar as possibilidades de se separar as turmas por interesse principal dos *aprendedores*, os alunos. Em muitos lugares, existem cursos específicos para muitas das opções profissionais. Como colocado anteriormente, as posturas mudam, como as práticas, e vão se transformando com o tempo. Se todo esse processo se modifica, não conseguimos fixar o futuro, mas podemos analisar o passado. Desta forma, vamos ver quais são as nossas heranças culturais.

Historicamente, de onde veem a nossa cultura Matemática, a nossa ideologia de Matemática e de professor de Matemática? No tempo em que a Matemática era apenas linda e bela, e pura! – e foram os gregos que começaram a trabalhá-la assim –, houve um embate entre as ideias de Heráclito (576-480 a.C.) e as de Parmênides (540-450 a.C.) e seus seguidores. Heráclito ainda afirmou algo como "a única coisa permanente é a constante mudança", e era capaz de dizer que as nossas realidades são aparentemente contraditórias, e ele dizia "aparentemente", porque os gregos queriam o que era bonito, queriam coisas puras e belas. Ao contrário de Heráclito, Parmênides busca excluir tudo o que seja variável e contraditório. Só a essência do ser existe e deve sempre existir. Deve ser única, imóvel, imutável e eterna. Parmênides e Heráclito se constituem em dois extremos dos movimentos pré-socráticos, ambos com sua racionalidade válida.

Em termo da Matemática que se aprende inicialmente, prevaleceram as ideias de Parmênides e de seus seguidores, um dos quais, Platão (428-438 a.C.), que afirmou que "o que produz conhecimento é a razão, é a pura razão, o que pensamos realiza o nosso saber". Então, como é que realizamos nosso saber matemático? Dentro da nossa razão objetiva. Como é que a Matemática existe? Essa Matemática existe num universo, independentemente das pessoas, conforme nos ilustram Bicudo e Garnica (2011), ao descrever as ideias do platonismo.

Olhamos para tal universo e vemos que os objetos matemáticos são os que se transmitem e se ensinam. Existem independentemente de nós. É nessa postura que nós descobrimos a Matemática. A Matemática está "toda lá nos céus das almas matemáticas", e, de vez em quando, algum de nós descobre alguma coisa. Descobrimos os triângulos; os pentágonos; a soma dos elementos de uma progressão geométrica e por aí vai. Isso significa que todos esses conceitos são dados separados do nosso saber ou da nossa existência. São verdades matemáticas que já estão prontas antes de nós as conhecermos. Nesta visão, os objetos matemáticos eram divinos, e, durante a nossa vivência, poderíamos descobrir algumas coisas.

Da maneira como eram vistos os objetos matemáticos, o ensino deles aparece como numa forma de funil que deve ser colocado na cabeça dos nossos alunos: os números arábicos, as geometrias gregas, as áreas egípcias, as sequências italianas, o rigorismo francês, a axiomatização inglesa, a teoria dos números, as topologias, a análise numérica, entre outros. Eram os objetos matemáticos e existiam, sem levar em conta aquilo que nós éramos e fazíamos.

Entretanto, as coisas não eram (nem são) bem assim. A herança platônica nos fez entender que já tínhamos pronta e acabada toda a Matemática. A qualidade do ensino dependia de o professor ser um bom transmissor. Um bom professor era aquele que fazia com que seus alunos "vissem" os objetos matemáticos e os aceitassem. A boa educação matemática se media através da boa transmissão do ensino, e o bom professor era um bom transporte, muitas vezes independentemente de o aluno aprender – ou não.

Nesse sentido, a Matemática é considerada estigma, ou seja, ao mesmo tempo em que boa parte da sociedade tem medo da Matemática que nós criamos, também acontece o contrário. Da mesma maneira que ouvimos dizer que, se alguém é bom em Matemática, é bom em tudo, também existem muitas pessoas que consideram ser a Matemática inútil. A Matemática é verdadeira e é inútil. A maioria das pessoas não consegue relacionar a Matemática nem com as outras ciências e muito menos com situações de seus cotidianos, porque foi criado um universo à parte, ou seja, para elas, a Matemática não está presente em outros contextos.

Na Modelagem, esse sistema tem de ser mudado. Não se deve mais assistir aos objetos matemáticos, mas manipulá-los, porque rompemos com a concepção de que o professor ensina e passamos a acreditar na ideia de que o conhecimento não está somente nem no sujeito nem no objeto, mas na sua interação. Passamos de objetos que o professor ensina para objetos que o aluno aprende.

Nas salas de professores não é difícil ouvir frases como "Hoje eu dei o teorema de Pitágoras", "Na semana que vem começo semelhança de triângulos" ou "O ano passado eu não consegui terminar o programa. Não sei o que houve". Nelas, em nenhum momento aparecem, de modo explícito, os alunos. A ênfase está no objeto direto (teorema de Pitágoras, semelhança de triângulos, o programa) e no sujeito (eu, o professor, o que *dá*, *começa*, *termina*). Muitas vezes, nossa linguagem docente coloca o aluno como objeto indireto subentendido. A nossa sociedade coloca a Matemática como um objeto que se ensina, e o sujeito do processo é o professor. É preciso deixar claro que essa não é uma crítica ao professor, e sim uma constatação de que o modelo que tem sido observado por nós é esse, com base nas questões históricas e filosóficas que apresentamos até então.

Em Modelagem não é assim. O sujeito do processo cognitivo é o *aprendedor*, é o aluno. Cada pessoa constrói o seu conhecimento, o sujeito atribui significados pelos próprios meios.

O modo de nos expressarmos, o qual foi exemplificado anteriormente, faz parte de nossas histórias – e da nossa cultura. E a avaliação crítica desse nosso "discurso de professor" descreve essa nossa trajetória, que não vai ser mudada com um novo jeito de falar, apenas, ou um novo jeito de descrever nossas responsabilidades e atitudes docentes. Em outras palavras, tal crítica envolve não só a fala de cada um de nós, mas sobretudo a instituição escolar, seu passado e os nossos exercícios profissionais.

Os gregos desenvolveram a geometria porque achavam que tudo o que era ligado a Deus era belo; os egípcios desenvolveram o cálculo de área porque tinham de fazer as medições das terras do Nilo; os fenícios desenvolveram conceitos aritméticos de contabilidade porque eram comerciantes. Era, na verdade, uma Matemática *para* algum fim.

Cada um viu e desenvolveu os objetos matemáticos de acordo com o seu pequeno universo, porque, como dizia Heráclito, o único jeito que temos de ver aquilo que é puramente objetivo é com o nosso subjetivo, ou seja, com nossos olhos. Ora, se aceitamos essa verdade que transcende a literatura da "moda caipira",[5] devemos querer que na Matemática aconteça diferente? É claro que cada um – franceses, árabes, gregos, egípcios, persas, italianos e todos os outros – vê do seu jeito e cada um desenvolveu e construiu a própria Matemática ou a Matemática do próprio jeito.

E o que queremos? Queremos, como professores, usar ferramentas matemáticas, cujo manejo e domínio estejam disponíveis para o aluno a fim de que ele possa estudar, entender, formular, resolver e, principalmente, decidir. O que queremos dos nossos alunos? Crítica, raciocínio, curiosidade, independência, autonomia, responsabilidade. No fundo, o que queremos é a mesma coisa que o professor de Português, Química, Educação Física, Ciências, Biologia – todos nós, como professores de qualquer disciplina, queremos o quê? Vamos tentar dar uma resposta.

É fundamental que os alunos saibam aprender, saibam que nunca vamos conseguir ensinar ou mostrar toda a Matemática de que eles vão necessitar. O que precisamos fazer é habilitar os alunos a

[5] Copiando a frase do clássico cancioneiro *caipira*, Adauto Santos na célebre canção "Triste Berrante" de que sempre se lembra o estribilho: "...aqui, passava boi, passava boiada,/ tinha uma palmeira na beira da estrada...", o final da segunda estrofe afirma que "mesmo vendo gente carros passando/ meus olhos 'tão enxergando a velha boiada a passar". A gente "vê" também com os olhos de nossa história.

aprender e a ter confiança em si próprios de que conseguirão fazê-lo. Aprender a formular e a resolver uma situação e com base nela fazer uma leitura crítica da realidade. Mas quais as situações que os alunos querem saber resolver? Principalmente aquelas que envolvam problemas relacionados ao seu cotidiano extraescolar. É aqui que entra a Modelagem.

Já ouvimos (e também repetimos) o seguinte: "temos que devolver o cotidiano do aluno quando ele entra na sala de aula". Mas quem nos deu o direito de tirar o cotidiano dos alunos para depois devolver isso a ele? Não é que nós não possamos devolver, é muito mais: nunca conseguiremos tirar-lhes esse cotidiano; quando eles vêm para a escola, o cotidiano deles vem junto com eles, ou seja, o que eles são, foram, gostam ou não, de que eles têm medo, tudo está ali na hora de se dar o aprendizado, junto com eles na aula de Matemática.

Apresentamos essas questões para reforçar que os alunos deveriam investigar situações vinculadas ao seu cotidiano, ao cotidiano da escola e ao de sua comunidade. São situações que não têm x, nem resposta única, verdadeira. Nem a "pergunta matemática".

De acordo com Bassanezi (2002), quando não sabemos, devemos medir e fazer contas, ou seja, matematizar a situação. Muitos conteúdos de qualquer programa são desenvolvidos somente tentando trabalhar tais medidas e observações, usando os olhos subjetivos matemáticos. Por exemplo, fisicamente, como é a nossa escola? É um questionamento para o qual não há resposta única, não há nem pergunta matemática e há uma infinidade de respostas.

É importante que, nas aulas e em atividades de Matemática, passemos de problemas com respostas definidas para situações sem "perguntas matemáticas". O objetivo e o subjetivo evidentemente se relacionam, e pretendemos que sejamos capazes de concatenar o mundo real em que os nossos alunos vivem com o universo matemático abstrato. Como é que podemos confrontar o mundo real com o universo da Matemática? Uma das maneiras é através da Modelagem.

O primeiro passo a ser dado para se trabalhar com Modelagem é reconhecer a existência de um problema real, no sentido de ser significativo para os alunos e suas comunidades. Por exemplo: a forma da compra de um eletrodoméstico; parcelar ou pagar à vista o IPVA[6]; quanto de desconto tem um taxista em relação àquele que não é taxista na compra de um automóvel; como se relacionam espaço e tempo para um objeto que cai em queda livre? Todos esses problemas exigem significação, avaliação e crítica. Nomeado um problema, no momento seguinte a Modelagem exige hipóteses de simplificação, ou seja, devemos conhecer o problema – e simplificá-lo.

Por exemplo, perto da escola passa um rio, como é que podemos avaliar a sua poluição? É uma fábrica ou são os habitantes do bairro que o poluem? Conforme a chuva ou a seca, como varia a vazão desse rio? Numa primeira aproximação, por exemplo, pode-se considerar a vazão do rio e a quantidade de resíduos tóxicos como uma constante por período de tempo, como fazem as agências de vigilância ambiental.

Agora, se tivermos que calcular quanto o escapamento dos automóveis de determinada cidade ou região contribui para a poluição do ar em uma cidade, para a construção de um modelo, devemos considerar a média de emissão por veículo, ou seja, devemos simplificar. Todo problema tem de ser tratado com passo de simplificação, e, às vezes, a simplificação que fazemos é para facilitar a resolução matemática. Outras vezes simplificamos para colocar o problema no nível dos nossos alunos. Não simplificamos o problema real, e sim introduzimos hipóteses que simplificam sua abordagem. O aluno tem o direito de ver o problema na importância que ele tem para a sociedade. Em seguida, vamos adequar o problema à ferramenta matemática ao alcance da aprendizagem do aluno e, assim, transformar isso num problema matemático. E isso se constitui em traduzir o problema para uma linguagem do universo matemático.

Nesse passo, temos um problema de Matemática a resolver. Mas ainda não é um daqueles típicos de livros-texto de Matemática, porque os dados são provenientes de situações reais que, muitas vezes – ou quase sempre, aliás –, exigem aproximações, algoritmos

[6] Imposto sobre a Propriedade de Veículos Automotores.

e, não menos importante, a avaliação das respostas matemáticas, que são, de fato, igualmente verdadeiras no universo matemático, mas que, à luz da questão inicial, podem não ter a mesma importância. Por exemplo, se a questão apresentada resulta em um problema de cálculo de área e foi resolvido com uma equação do 2° grau, como os leitores poderão verificar mais adiante no texto, aparecem duas raízes como resposta, ambas verdadeiras e válidas, mas só uma delas pode atender às exigências da situação. Em resumo, além de validado o problema matematicamente, deve ser verificada a validade da solução obtida em termos do problema que gerou a questão matemática.

Simplificando, temos cinco momentos para o processo de Modelagem: 1) determinar a situação; 2) simplificar as hipóteses dessa situação; 3) resolver o problema matemático decorrente; 4) validar as soluções matemáticas de acordo com a questão real e, finalmente, 5) definir a tomada de decisão com base nos resultados. No contexto educacional, este passo pode diferir da tomada de decisão na Modelagem Matemática, em que esta tomada de decisão é um instrumento político. Na escola, tal passo envolve conhecer as dificuldades de agir em sociedade – e a necessidade de fazê-lo.

Os problemas apresentados na escola, muitas vezes, não chegam nem na validação porque, em geral, muito pouco tem a ver com a realidade. Muitos problemas, aliás, nem tocam em algum cotidiano, isto é, o livro-texto ou o professor dão a equação e mandam os alunos resolverem-na, ou seja, estamos muito acostumados a trabalhar os problemas na categoria de exercícios de reconhecimento, de repetição, de algoritmo e, eventualmente, problemas de aplicação. Através da Modelagem, o aluno poderá, valendo-se dos resultados matemáticos relacionados a uma dada situação real, ter melhores condições para decidir o que fazer, uma vez que terá uma base quantitativa que poderá contribuir para a avaliação de aspectos qualitativos e quantitativos da situação apresentada de início. Além disso, terá em mãos um instrumento político: os resultados matemáticos relativos ao instrumental usado. Quando trabalhamos não só com problemas matemáticos, mas com a Modelagem, em que o aluno é o sujeito do processo cognitivo, esse, com certeza, vai poder enxergar além. E não apenas quanto ao conteúdo matemático, mas poderá ver como esse conteúdo matemático é importante nos processos decisórios em sociedade.

Às vezes chegamos a acreditar – e pior, a convencer disso nossos alunos – que na Modelagem uma condição imprescindível é a de um contexto matemático altamente sofisticado, elaborado. Isso não é verdade, visto que a Matemática deve ser aquela que possibilita o início da resolução do problema em questão, permitindo que a Modelagem possa continuar em sua espiral, na qual o modelo matemático produz novas ideias, que, por sua vez, afetam as hipóteses de simplificação ou que permitem negar uma hipótese. O exemplo a seguir visa ilustrar essa situação em que um "não serve" ajuda a descartar uma hipótese inicial.

Para combater biologicamente uma praga com um manejo manual, muitas vezes a solução é fazer um plantio precoce da planta atacada de modo que essas atraiam os insetos a serem combatidos. Nessa situação, é possível recolher a assim chamada praga, controlando sua população sem o uso de produtos agroquímicos, que podem muito bem resultarem em danos maiores do que o próprio inseto. Quando essa situação foi apresentada a um dos autores, indicou-se também uma porcentagem máxima de perda, relativa a essas plantas precocemente plantadas das quais nenhuma colheita viria a resultar. A pergunta que se fez foi: "Qual a largura de uma faixa em torno de um campo plantado que pudesse ser alocado ao plantio prévio, respeitado o percentual máximo de perda?".

Considerando a questão anterior e supondo que o local de plantio seja um retângulo (uma hipótese de simplificação do problema) e que se possa igualar à produção a área plantada, teríamos uma faixa de largura **x** em torno do campo retangular.

Façamos esse exemplo com números, mas lembremo-nos de que pode ser feito também com parâmetros genéricos apenas. Vamos supor que o percentual máximo de perda seja dado pelo valor **p** = 8%, e que a dimensão do campo retangular seja **L** = 80m e **H** = 35m. Então, considerando esse retângulo, e retirando-lhe uma faixa de largura **x** do entorno, teremos:

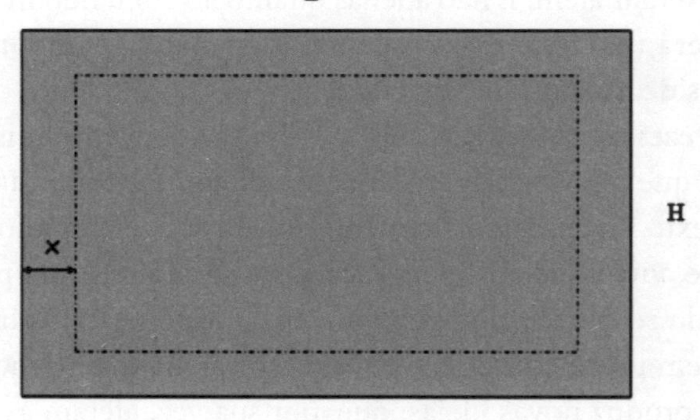

Figura 1 – Representação da área plantada

O retângulo de fora tem dimensões L por H ou 80 metros por 35 metros. O retângulo interno tem medidas menores: subtraindo de L o valor da largura x de duas faixas, e fazendo o mesmo com H, teremos um retângulo interno de medidas L – 2x por H – 2x ou, numericamente, 80 – 2x por 35 – 2x metros. Considerando o valor de p como 0,08, esta área deve medir (1 – p).L.H ou (1 – 0,08).80.35 ou ainda 0,92.L.H.

Com isto, temos a equação que nos leva ao valor de x:

$$(L - 2.x).(H - 2.x) = 0{,}92.L.H$$

Ou, numericamente,

$$(80 - 2.x).(35 - 2.x) = 0{,}92.80.35 = 2.576$$

Com um pouco de aritmética e de álgebra, temos:

$$4.x^2 - 2.(80 + 35).x + 2800 = 2.576$$

Ou ainda,

$$4.x^2 - 230.x + 224 = 0$$

Trabalhando algebricamente, podemos escrever que, achar as raízes desse polinômio do segundo grau, equivale a achar as raízes de:

$$2x2 - 115x = 112 = 0$$

Recorrendo à fórmula de Bhaskara, teremos

$$x = \frac{-115 \pm \sqrt{115^2 - 4.2.112}}{4}$$

De onde teremos $x \approx 0,99$ ou $x \approx 56,51$.

Vale reparar que as duas raízes são matematicamente corretas (embora sejam aproximações decimais do que chamamos de dízimas infinitas), mas somente a menor delas vale, já que, para uma largura de campo de 35 metros, uma faixa interna que tenha medida de mais de 56 metros não vale. O ponto a destacarmos aqui é que todos os resultados devem ser criticados à luz daquilo que se procura. A outra raiz, porém, cabe naquilo que a Matemática aceita como viável. Resta ver, obviamente, se uma faixa de largura de quase 1 metro é razoável para o tipo de plantação e de manejo que se quer.

Esse é um exemplo simples que nos mostra como a Modelagem pode ser feita com base em conhecimentos matemáticos não tão sofisticados, conforme muitos acreditam.

Entretanto, é preciso deixar claro que a Modelagem não está vinculada à *ideologia da certeza da Matemática* (Borba; Skovsmose, 2001), que reforça a ideia de a Matemática se tornar parte de uma linguagem de poder, ou seja, ela é tida como estável e inquestionável. Para Borba e Skovsmose, tal ideologia pode gerar uma "obstrução" para as discussões acerca das aplicações da Matemática. Assim, a ideia aqui é a Matemática ser concebida como uma área que possui influência humana, que pode ser questionada (Borba; Skovsmose, 2001), e a Modelagem é apontada por eles como um caminho para desafiar essa ideologia. Devemos, portanto, ter equilíbrio: modelar para compreender fenômenos, mas saber os limites e as restrições desses modelos.

Capítulo II

Modelagem e cotidiano escolar

Gostaríamos de esclarecer ao leitor que o que está exposto neste livro trata, a rigor, de uma verdade momentânea. Por meio das nossas vivências, fomos construindo um determinado conceito, e isso é sempre provisório. Durante todo o tempo em que temos trabalhado com Modelagem, já modificamos muitas vezes as nossas formas de pensar, e, como já foi dito, trabalhar com Modelagem é saber que o conhecimento é datado.

Antes, porém, de problematizarmos a relação da Modelagem com o cotidiano escolar, em particular, com o currículo, vamos expor, pelo menos em parte, a nossa concepção de Modelagem. Na literatura, nacional e internacional, encontramos algumas perspectivas que norteiam o estudo, o trabalho e a pesquisa em Modelagem. Desse modo, alguns autores a denominam de "metodologia", outros de "ambiente de aprendizagem", etc. Defendemos a ideia de que a Modelagem se enquadra em uma concepção de "educar matematicamente".

E isso se deve à nossa concepção de Matemática. Assim, para a compreensão da Modelagem como uma perspectiva de educar matematicamente, vamos tomar a Matemática como regras e convenções que são estabelecidas dentro de determinado contexto social, histórico e cultural, permeado pelas relações de poder, diferentemente daquela vista como uma descoberta. Assim, vamos problematizar a Modelagem conceituando a Matemática nessa vertente sociocultural enfatizando, desta maneira, que não acreditamos que exista apenas uma Matemática, mas várias, e que essa que aprendemos e ensinamos na escola é um determinado conjunto dessas regras e convenções.

Por exemplo, ensinamos a geometria euclidiana, que foi produzida 300 anos antes de Cristo, e a usamos até hoje porque ela é, de fato, muito eficiente, faz sentido em nossa sociedade e carrega consigo todo um movimento, da Grécia para a Europa meridional e que, sobretudo a partir da península ibérica, foi geográfica e politicamente ganhando espaço no mundo ocidental. Mas é só essa a Matemática que existe? Não. Assim como Lobachevsky, Riemann (com a ajuda de Gauss) e Grassmann construíram novas geometrias, desmontando uma concepção que já durava dois mil anos, a de que a Matemática é única; outros povos, em outros continentes, também criaram suas geometrias para compreender sua realidade. E isso não ocorreu somente com a geometria.

Esse exemplo ilustra a forma como entendemos a Matemática e é esse nosso jeito de "ver" a Modelagem. Embora reconheçamos méritos e razões nessa postura, não concordamos com alguns autores que reduzem a Modelagem a um método para ensinar Matemática, porque, vista assim, como método, apenas legitimam o currículo e a ideia da Matemática dominante como imutável – e verdadeira.

Numa perspectiva mais ampliada do que a de ser apenas um método para se ensinar a Matemática, tendo como base o currículo posto, ou seja, ensinar Matemática por meio de uma ordem canônica: um currículo homogêneo e padronizado (Cordeiro, 2007; Pires, 2000a). A Modelagem, a nosso ver, vai tentar resgatar pouco a pouco outras formas de se trabalhar com a Matemática e vai se aproximar daquilo que tem sido chamado de "Programa Etnomatemática" (D'Ambrosio, 2001), já que sempre se vai trabalhar com problemas da realidade, sendo essa, a nosso ver, sua característica primordial.

Nessa concepção, a Modelagem não trabalha com problemas inventados, "teóricos" – aqueles que, de modo um tanto injusto, chamamos pejorativamente de "problemas de livro texto", mas com problemas reais. Essa é uma das características que diferencia essa postura, por exemplo, daquelas que se pode construir um problema para atender a um determinado conhecimento matemático. A Modelagem vai por um caminho inverso, ou seja, ao invés de se dar uma pergunta para o aluno, em que ele vai ter de usar predeterminada ferramenta matemática para garantir a obtenção da resposta certa, o aluno faz a pergunta para si e para os outros. Junto com o professor e os outros alunos, ele vai aprender (e usar) as ferramentas matemáticas já existentes para entender o fenômeno escolhido e, eventualmente, levar à sala de aula conhecimentos já produzidos pela cultura local para responder a questões relevantes, muitas vezes, até de forma aproximada.

Para entendermos melhor a origem da Modelagem e sua inserção no currículo[7], vamos, primeiramente, apresentar o que entendemos por Matemática (ou Matemática Pura) e Matemática Aplicada.

A Matemática e suas aplicações

O que estamos denominando de Matemática é o que os profissionais da área de Matemática estão elaborando, ou seja, é o conhecimento matemático produzido nas academias visando exclusivamente ao desenvolvimento da Matemática. Profissionais estes que se constituem em pessoas inseridas num tempo histórico, social e cultural. Já os matemáticos aplicados tomam o que os matemáticos puros fazem de Matemática e usam-nos como ferramental para estudar e entender – e, às vezes – até ajudar a resolver determinados problemas. O matemático aplicado estuda e aprende Matemática para resolver algo. Ele é um profissional tanto quanto o matemático dito puro, mas este estuda e aprende Matemática para resolver problemas da Matemática.

Vamos pegar como exemplo o Japão. Recentemente fomos informados da triste notícia do tsunami[8] e de um vazamento de radiação de uma usina nuclear. Existiu naquela ocasião uma preocupação não só das autoridades japonesas, mas do mundo todo sobre a possibilidade

[7] De acordo com Cordeiro (2007), durante o processo de construção da escola, houve muitas mudanças; no entanto, uma das mais significativas foi o currículo, ou seja, "a produção e estruturação do currículo escolar, mediante o qual se constitui um modo padronizado de aprender e de se relacionar com o conhecimento" (p. 30).

[8] Referimo-nos ao terremoto com magnitude de 8,9 graus na escala Richter que atingiu a costa nordeste do Japão e gerou um tsunami no dia 11 de março de 2011.

de o material radioativo chegar à Europa, ou a outros continentes. Apresenta-se aí um problema posto.

A preocupação se vai chegar ou não e, se chegar, em quanto tempo o fará, é uma questão cuja solução conta com muitas contribuições: de matemáticos, físicos, químicos, meteorologistas e, claro, de tantos outros. Valendo-se desse problema, os matemáticos aplicados vão abrir suas caixas de ferramentas matemáticas e tecnológicas e, diante de dados de outras áreas do conhecimento, vão construir procedimentos para tentar responder, mesmo que de forma aproximada, a questões desse fenômeno. Evidentemente, nunca terão uma resposta exata para os problemas abordados. Se não por outros motivos, simplesmente porque jamais se consegue juntar todas as variáveis de um problema.

Outro exemplo é o Departamento de Biomatemática da Universidade Estadual de Campinas (Unicamp), onde há grupos que se dedicam ao estudo e à proposição de estratégias em termos de resolver problemas fisiológicos, de saúde pública e de situações ambientais. Os profissionais que lá trabalham já têm essa caixa de ferramenta pronta para ser usada. Quando são convidados a resolver determinado problema, eles têm ideia de que deverão usar determinadas ferramentas matemáticas para aquele tipo específico de problema: uma equação diferencial, uma inequação integral, Matemática discreta, ou um algoritmo traduzido em um programa computacional.

Como exemplo, podemos citar aquelas equações com que se tratam, mesmo hoje, de dinâmicas populacionais (ou seja, de como certas populações de pessoas, peixes, ou bactérias evoluem). Isso vem sendo feito – de acordo com o objetivo – com equações de diferenças, que são discretas, e incluem as progressões aritméticas, geométricas e mistas, em expressões que são tratadas facilmente com calculadoras ou planilhas.

Um caso é aquele expresso pelo IBGE[9] dizendo que uma região do país tem crescimento de 4,5% ao ano. Matematicamente isso é modelado com a expressão, de certa forma devida ao inglês Thomas

---

[9] Instituto Brasileiro de Geografia e Estatística. Disponível em: <http://www.ibge.gov.br/home/>. Acesso em: 12 set. 2011.

Malthus, no final do século XVIII, para P(n) – a população num ano e para P(n+1), a do ano seguinte.

$$P(n+1) = P(n) + 0{,}045.P(n) \qquad \text{(I)}$$

Tal expressão indica que a população do ano seguinte será a atual mais o percentual de crescimento. Isso serve muito bem para previsões em curto prazo, apenas. Para previsões mais longas, pode-se usar uma série de outras abordagens, entre as quais mencionamos uma clássica, devida a Pierre François Verhulst, que, em 1838 publicou seu trabalho com outra abordagem, em que a mortalidade depende da disputa interna na população por recursos. Assim, com base na notação anterior, temos:

$$P(n+1) = P(n) + 0{,}045.P(n).[\,1 - P(n)/K] \qquad \text{(II)}$$

A diferença fundamental é a presença do número K, que indica a maior população que a região pode sustentar (chamada, em ecologia e em demografia, de "capacidade de suporte").

Baseando-se em uma população inicial, identificada como P(0), com uma calculadora ou uma planilha, podemos calcular sucessivos valores para as populações nos anos seguintes.

Mas, enquanto essa abordagem pode servir em alguns casos, em outros, necessitamos de um instrumento de variação contínua, uma modelagem em que P não varie apenas de ano "n" em ano "n", mas a cada instante, como no caso dos mosquitos da dengue, por exemplo.

Nesse tipo de situação, teremos de recorrer a um instrumento contínuo, e o valor de P dependerá de cada instante: P = P(t).

Neste caso, as duas equações de diferenças apresentadas anteriormente (I e II) se manifestam como as equações diferenciais, respectivamente:

$$dP/dt = 0{,}045.P(t) \qquad \text{(III)}$$

e

$$dP/dt = 0{,}045.P(t).(1 - P(t)/K) \qquad \text{(IV)}$$

Cabe comentar que há diversas outras abordagens possíveis, utilizando diferentes instrumentos matemáticos, como equações diferenciais que consideram, junto com a variável do tempo, o espaço, ou o mapa ou, até, no caso de mosquitos, vetores de doenças (como os da dengue), o tipo de urbanização.

Com base nesse exemplo, podemos afirmar que os matemáticos vão testar essas ferramentas e escolher aquela (ou aquelas) que se adaptem melhor ao estudo daquele tipo especifico de problema. Às vezes eles precisam trocar de ferramenta para poder se aproximar mais da resposta do problema da realidade. Muitas vezes, recorrendo àquelas que os matemáticos puros acabaram de publicar. Pode acontecer que determinado software não seja capaz de resolver determinado problema e se faz necessário, então, algo mais atualizado, mais sofisticado, mais atual. O mesmo se dá com equipamentos: em muitos lugares, o datashow substituiu o retroprojetor, assim como a máquina que chamamos de "xerox" substituiu o mimeógrafo a álcool. Há uma exceção, porém, que confirma a regra geral: o bom e velho quadro, com o giz e o apagador.

Das aplicações à Educação Matemática

Considerando, agora, as questões educacionais, pesquisadores matemáticos preocupados tomaram emprestada essa ideia da Matemática Aplicada e colocaram-na no outro tripé chamado de "Educação Matemática". Acontece que, para pegá-la e levá-la para a sala de aula, temos de considerar uma variável nova e muito importante: em salas de aula, existem alunos. Tanto na Matemática Aplicada quanto na Pura isso não ocorre, não existem projetos educacionais, ou seja, nos dois outros sustentáculos do tripé não se faz necessário educar matematicamente ninguém, porque eles (os matemáticos aplicados e os puros, junto com seus interlocutores) têm como objetivos estudar e resolver determinado problema e supostamente já possuem um ferramental matemático minimamente suficiente para poder começar a fazer perguntas sobre aquele problema, aquela situação da realidade – e a estudar modos de aproximar-lhe soluções viáveis. Eles não são professores. São matemáticos.

Mas a ideia dos matemáticos é muito boa porque nos apresenta perguntas que os alunos não se cansam de fazer aos professores: "Para que serve isso?" "Para que serve a Matemática?". Para nós, a Matemática serve para que a gente possa fazer uso dela, e, a partir desse uso, compreender mais da realidade, compreender mais das situações da vida. E acreditamos que, para os alunos, também é isso que importa, embora para os matemáticos puros e aplicados o objetivo seja outro.

Desta maneira, quando deslocamos essa ideia da Matemática Aplicada, sustentada pela Matemática Pura, para as questões educacionais, deve sempre existir a consciência de que há ali alunos que precisam aprender Matemática para viver, e é necessário saber o que esse aluno precisa saber de Matemática, para que precisará dela e como essa Matemática vai chegar até ele. Nesse contexto é que se insere a questão do currículo.

No deslocamento do eixo da Matemática para o eixo da Educação Matemática, vamos tratar da realidade, mas da realidade de quem? No caso da Modelagem, no modo como a propomos, a resposta está dada: a realidade dos alunos e de suas comunidades. São esses os principais interessados. Com a Matemática Aplicada sendo incorporada no sistema educacional, nossos alunos vão fazer o papel das instituições que procuram os matemáticos para resolverem seus problemas. Agora, além dos problemas de saneamento básico, aquecimento global, vazamento de petróleo na costa do México, desmatamento na Amazônia Legal, inundações dos ribeirinhos nas cidades, no campo e às margens de represas ou mesmo os vazamentos de material radiativo no Japão, serão incorporados problemas advindos da realidade da escola e de suas imediações. Vamos fazer dos nossos alunos os nossos "fregueses". Nós, professores de Matemática, devemos estar dispostos a discutir, em nossas escolas, problemas advindos da realidade dos alunos. Problemas de fora da escola. E isso, se algum dia for incorporado nas nossas escolas, mudará muito nossas práticas educacionais. Tal ideia vai ao encontro do que dizia Freire, ao afirmar que os professores devem despertar os estudantes para que eles se assumam enquanto matemáticos (Freire, 1996; Freire e Shor, 1986).

A pergunta que se faz, então, é: o que acontece quando os professores têm de trabalhar com esses alunos nas instituições de ensino, nessa perspectiva? Terão de usar alguma estratégia para fazer com que, simultaneamente, o currículo de Matemática seja suficientemente cumprido. Aqui, entra uma questão fundamental, porque, se tiverem de cumprir o currículo, da maneira como ele está estruturado na escola, fragmentado, sequencialmente linear, imposto e, segundo Freire (1996), produzido em gavetas, de acordo com os anos de escolaridade e pronto para ser depositado nos alunos, poderão ter dificuldades. Cordeiro (2007) nos mostra, por meio da expressão "a gramática escolar", que essa forma de organização escolar não acontece somente no Brasil.

Quando trazemos problemas da realidade de fora da escola para a sala de aula, é possível que os conceitos desse currículo não surjam de forma linearmente bem comportada, mas de uma forma espiral em que, muitas vezes, temos de fazer o movimento de ir e de voltar, o que pode acontecer de termos de "misturar" os elementos que estão dentro das gavetas. Agora, além da mistura, há sempre um movimento de pequenos avanços e, às vezes, um retrocesso em alguns elementos para a compreensão do fenômeno que está sendo investigado. Investimos na criatividade, na curiosidade, na insistência e também na tentativa e erro, considerando a tolerância com o outro e com o coletivo, em detrimento de individualidades. Claro que tais individualidades são essenciais, mas numa perspectiva dialógica, de construção comum.

É por isso que não consideramos a Modelagem como um método que serve para legitimar algum currículo rígido. A Modelagem é uma perspectiva de educar matematicamente, que vai problematizar também o currículo e usar as ferramentas matemáticas para aquele tipo de problema específico, que está sendo investigado naquele momento.

Isso vai acarretar alguns problemas na escola, para os quais não temos ainda uma solução. Precisaremos discutir a relação da Modelagem com currículo, e suas especificidades, com mais cuidado. Como resolver uma situação em que, hipoteticamente, mesmo que tenhamos discutido, debatido (e resolvido) os problemas advindos dos alunos, e mesmo assim ainda existem conteúdos matemáticos na lista do programa daquele ano que não foram contemplados naquelas situações de sala de aula? Ou seja, como resolver a situação quando não conseguimos "dar" determinado conteúdo que está posto no currículo? Ou ainda quando os alunos nos pressionam a "dar" conteúdos de outros anos – e não o do ano presente?

A maneira como isso pode ser enfrentado, considerando o trabalho com a Modelagem em sala de aula, apresenta-se de pelo menos duas maneiras: ou o professor, fazendo uso da sua autonomia na construção do projeto político pedagógico da escola, ignora não esses conteúdos, mas a sequência de sua aprendizagem conforme o currículo dominante, ou faz uma mescla entre a Modelagem que visa à Matemática e o que temos chamado de "ensino tradicional": apresenta tais conteúdos desvinculados da realidade – a Modelagem pela Matemática – sem uma justificativa para o seu uso. Riscos existem em ambas as opções – tanto para alunos quanto para professores.

A busca por alternativas

Diante do que apresentamos até então, em nossa concepção, uma das principais questões da Modelagem é problematizar o currículo. De que maneira se faz isso? Usando Modelagem ou não, o aluno, dependendo do seu grau de escolaridade, vai se deparar com determinada situação em que ele não tem ainda conhecimento sobre que ferramenta matemática usar para algum novo problema. Em outras concepções de educar matematicamente, oferecemos a esse aluno um "pacote pronto" e esperamos que ele possa fazer uso repetido dele para solucionar tal situação. Vamos exemplificar como seria trabalhar com a Modelagem nessa perspectiva.

Vamos imaginar uma sala de aula de uma escola. Logo na primeira aula, vamos trabalhar com os alunos no sentido de eles identificarem um tema relevante para ser discutido nas aulas de Matemática.

Dos vários esquemas que descrevem o processo de Modelagem, apresentamos o que vem a seguir, apenas como exemplo.

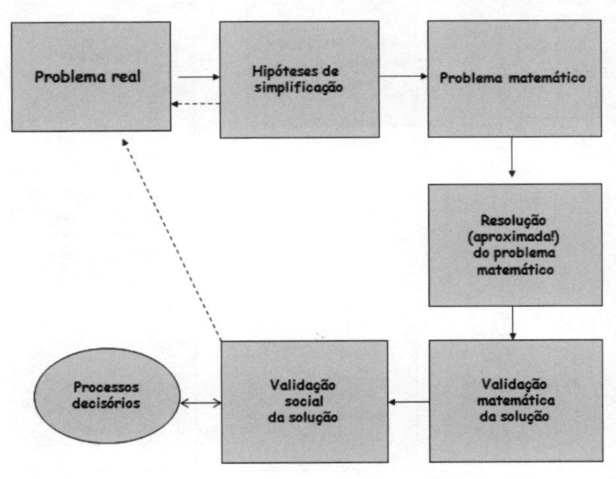

Figura 2 – Esquema do processo de Modelagem
Fonte: Adaptado de Burghes e Borrie, 1981.

Inicialmente, pode-se separar a turma em grupos e pedir aos alunos que discutam que temas gostariam de trabalhar. Os temas vão surgir. Um grupo vai querer trabalhar com meio ambiente, outro com drogas, outro com trânsito nas imediações da escola, saúde, jogos, esportes, entre tantos outros. Serão os mais variados porque são temas que estarão relacionados com o cotidiano desses alunos e da escola.

Um exemplo de tema que pode emergir pode ser a poluição da água de uma represa de certa comunidade. Para muitos, um impedimento sério aos que querem começar a modelar fenômenos do cotidiano é a crença infundada de que a Matemática que se usa é sempre "complicada". Isso pode e até, em alguns casos, deve ocorrer, mas a Modelagem cujo uso é aquele que defendemos em ambientes tanto de trabalho quanto na aprendizagem é aquela que começa com o que se sabe.

Nesse sentido, ao tentarmos considerar a evolução da presença de poluição da água em uma represa, nosso primeiro passo bem pode ser o de considerar como hipótese simplificadora que essa poluição está homogeneamente distribuída por todo o meio aquático. Claro que isso não é sempre verdade, mas trata-se do primeiro passo na abordagem do problema.

Nesse sentido, o esquema apresentado na Figura 2 poderia ser redefinido da seguinte maneira:

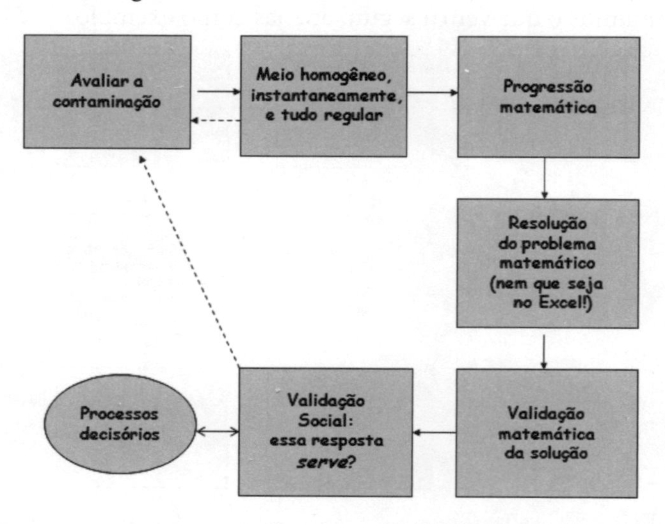

Figura 3 – Esquema do processo de Modelagem para a poluição da água

Desse modo, modelamos a situação-problema considerando que a presença de um contaminante nessa represa numa determinada semana **n**, é representado por **c(n)**. Como poderíamos usar a Matemática para estimar o modo como **c(n)** evolui nessa represa, ao longo do tempo? Em outras palavras – e escolhendo ir "um passo de cada vez" – como podemos estimar o valor de **c(n+1)**?

Uma ilustração para tal situação seria a apresentada na Figura 4, que pode ser considerada como homeomorfa a uma represa qualquer. Ainda, a degradação é dada por **d**, o volume da represa por **V** (unidades de volume) e o fluxo do rio que entra (e sai) por **F** (unidades de volume).

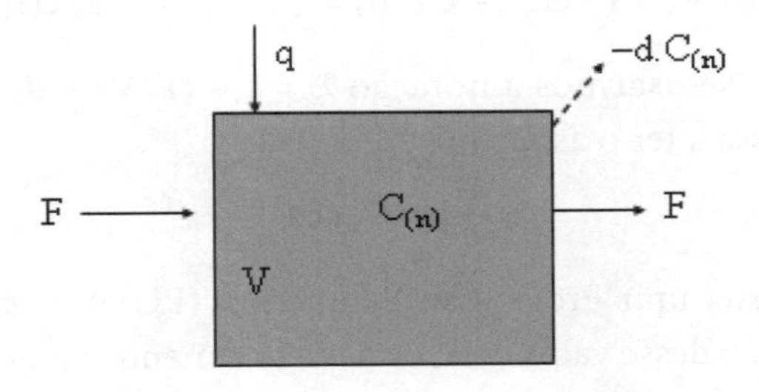

Figura 4 – Representação do processo de poluição na represa

Considerando as hipóteses apresentadas, na semana seguinte (na notação adotada, **c(n+1)**), qual a situação da represa? Temos a presença atual de contaminante nessa semana, **c(n)**, mas temos ainda que considerar o que se despeja nessa represa na presente semana (indicado, por exemplo, por um valor constante q) e temos, também o que sai do sistema: o que sai da represa no fluxo normal e o que sai pela degradação desse contaminante no meio. Para o que o fluxo leva rio abaixo, consideraremos que se o volume da represa é **V** e o fluxo semanal é **F**, então o que sai em uma semana desse contaminante homogeneamente distribuído pelo volume **V** é dado por – **(F/V).c(n)**, enquanto, ao considerarmos um decaimento diretamente proporcional ao contaminante, teremos **–d.c(n)**, com o sinal negativo indicando a saída do poluente do meio aquático da represa.

Na linguagem do universo matemático, teremos:

$$c(n+1) = c(n) - (F/V).c(n) - d.c(n) + q \qquad \text{(V)}$$

Ainda que possa parecer pouco sofisticada matematicamente, essa expressão faz parte de modelagem do fenômeno. Claro que, trabalhando com Matemática, aspectos interessantes surgem não apenas no aprendizado de Matemática, mas do fenômeno também – e de modo indissociável.

Vamos mexer com a expressão anterior a partir de possibilidades reais. Um primeiro caso é aquele em que nada se joga de contaminante na represa, mas houve um derramamento inicial, **c(0)**. Em outras palavras, a partir desse **c(0)** e considerando que **q=0**, a expressão anterior se torna:

$$c(n+1) = c(n) - (F/V).c(n) - d.c(n) = (1 - F/V - d).c(n) \qquad \text{(VI)}$$

Agora, se usarmos a notação $\lambda = \mathbf{1 - (F/V) - d}$, a expressão anterior passa a ter o aspecto:

$$c(n+1) = \lambda.c(n) \qquad \text{(VII)}$$

Mas isso é uma Progressão Geométrica (PG) de razão λ. E mais, pela definição desse valor de λ, esta razão é menor do que 1, e a conclusão imediata é a de que os valores de **c(n)** vão diminuir e podemos calcular, por exemplo, em quantas semanas a concentração de poluente, dada por **c(n)**, chegará a 5% do valor inicial, calculando **n** tal que:

$$c(n) = 0{,}05c(0) \qquad \text{(VIII),}$$

Ou, usando a expressão da PG, é possível calcular **n** tal que:

$$\lambda^n.c(0) = 0{,}05c(0) \qquad \text{(IX)}$$

equivalente a:

$$\lambda^n = 0{,}05 \qquad \text{(X).}$$

Isso pode ser feito calculando os sucessivos valores de λ^n até se obter um valor inferior a 0,05, mas pode também ser calculado usando logaritmos:

$$n.\log(\lambda) = \log(0{,}05) \qquad \text{(XI)}$$

ou

$$n = \log(0{,}05)/\log(\lambda) \qquad \text{(XII).}$$

É, sim, um uso instrumental da Matemática, ou seja, é a Matemática para alguma outra coisa – nesse exemplo, a evolução de uma concentração de poluição.

Há mais "casos" a ser explorados com base em conceitos matemáticos: no caso de poluentes de baixíssima decomposição (**d**) e quando não há fluxo – é o caso de lagos sem uma saída, ou daquelas pedreiras fundas que se enchem de água – então **F = 0**, e a expressão inicial se torna:

$$c(n+1) = c(n) + q \qquad \text{(XIII)}$$

Tal expressão caracteriza uma Progressão Aritmética (PA) de razão **q**, outro instrumento matemático a ser usado, e cujas características devem ser exploradas tanto matematicamente quanto naquilo que a Matemática indica para a situação-problema inicialmente apresentada. Por exemplo, se o uso dessa lagoa como depósito de dejetos poluentes não for interrompido, em quanto tempo se atinge, por exemplo, um limite do intolerável, digamos $\mathbf{C_L}$? Em outras palavras, desejamos saber em que semana **n** é que ocorre:

$$c(0) + n.q = C_L? \qquad \text{(XIV)}$$

É uma questão de álgebra, mas, de novo, é um uso de álgebra para outro fim: o de estimar risco. Nesse sentido, temos:

$$n = (C_L - c(0))/q. \qquad \text{(XV)}$$

Mas, voltando à primeira expressão $\mathbf{c(n+1) = \lambda.c\ (n) + q}$, teremos uma progressão dita "mista". No ensino superior, por exemplo, é possível construir a solução analítica dessa expressão usando as técnicas de equações de diferenças, da Matemática discreta, mas também se pode usar o que alunos do ensino médio sabem de planilhas de cálculo de computadores, como o Excel,[10] e simular, por exemplo, um gráfico que mostre a evolução de **c(n)**. Para exemplificar, vamos considerar $V=100.000\ m^3$, $F=500\ m^3$ por semana, e d=0,01%, ou seja, uma perda de 0,01% do poluente por semana.

[10] Planilha eletrônica da Microsoft.

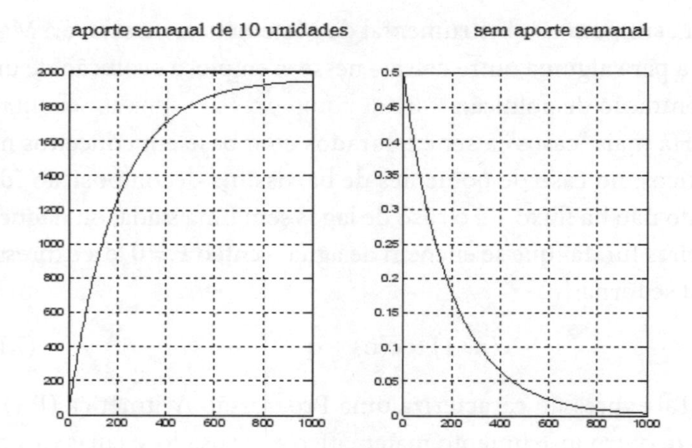

Gráfico 1 – Gráficos da evolução de c(n)

Esses gráficos nos mostram que, ao longo do tempo em semanas, os valores de **c(n)**, semana após semana, aproximam-se de um valor limite – pode até ser uma boa hora de introduzir o conceito de "comportamento assintótico"! E esse valor tanto pode ser estimado com a planilha de cálculo quanto com a solução da equação usando a teoria de "equações de diferenças", que é dada por:

$$c(n) = q.V.(1 - \lambda^n)/(F + d.V) + c(0).\ \lambda^n \qquad \text{(XVI)}$$

Aqui, podemos também "brincar" com os valores e verificar que, como $\lambda^n \rightarrow \mathbf{0}$, então teremos achado o valor assintótico (já identificado na planilha ou no gráfico):

$$c(n) \rightarrow q.V/(F + d.V) \qquad \text{(XVII)}$$

De novo, podemos tirar conclusões (sempre lembrando das aproximações que tornam tais conclusões indicativas e não verdades absolutas) sobre o que ocorrerá na represa se nada for feito ou ainda o que se pode fazer para minimizar o efeito em longo prazo da política de jogar os dejetos poluentes na represa: trata-se, matematicamente, de diminuir o valor de uma fração – e isso se faz seja diminuindo o valor do numerador dessa fração (**q.V**), seja aumentando-lhe o valor do denominador (**F + d.V**).

Vemos que "mexer" no volume da represa, V, diminuindo-o, afeta tanto o numerador quanto o denominador, mas, além de *diminuir* o valor de **q**, a quantidade semanal de dejetos vai reduzir o efeito em longo prazo, como o fará também *aumentar* os valores de **F**, o fluxo semanal da represa, e de **d**, o decaimento – duas estratégias que são, de fato, usadas, seja com a abertura de comportas de represas a montante (ou "rio acima"), seja introduzindo o que se chama de "dispersantes", produtos naturais ou artificiais que aumentam o decaimento.

Finalmente, pode-se considerar com os alunos o que ocorre com constantes de proporcionalidade, considerando que, ao diminuir o volume da represa (abrindo-lhe as comportas, por exemplo, ou fechando as comportas de represas rio acima), o resultado é o de diminuir o valor assintótico, já que, sendo **d** uma fração da unidade, e sendo **q** a quantidade de poluente deitada na represa semanalmente, é bem provável que, sendo **q>d**, também se consiga – no modelo matemático, claro – uma redução no valor final de **c**, valor para o qual vai tender **c(n)**.

Ainda, enquanto acontece o aporte semanal, o fluxo e a degradação constantes, não teremos nem PA nem PG, e sim uma mistura das duas, a qual pode ser representada pelo gráfico a seguir:

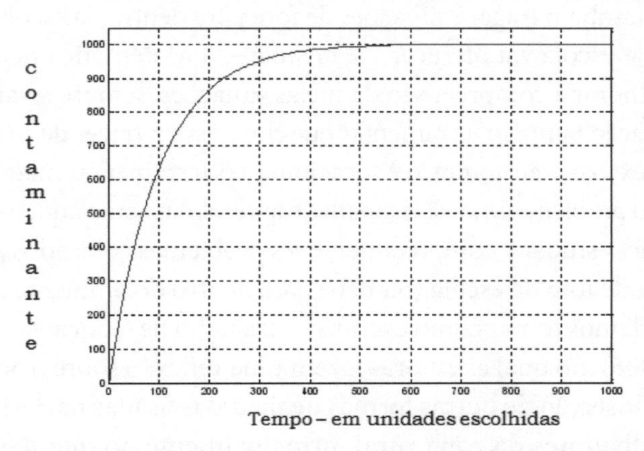

Gráfico 2 – Modelo com aporte semanal, degradação e fluxo constante

Não é demais repetir que essa modelagem não é feita para "aprender" PA, PG ou progressões mistas, mas para simular o que o comportamento social pode provocar numa represa, além daquilo que se pode conseguir com a introdução de técnicas de contingência: é a Matemática para se aprender da vida.

Há outras possibilidades, como, por exemplo, questionar como se comporta o acúmulo de contaminante se o aporte se der semana sim, semana não? Com o auxílio de softwares e planilhas, essa e outras situações poderiam ser exploradas.

Isso se deve ao fato de os alunos chegarem à escola trazendo consigo tudo aquilo que eles são dentro e fora da escola. Se estivermos trabalhando com escola de periferia, por exemplo, teremos os problemas dos alunos que moram na periferia; se estivermos trabalhando com uma escola do sistema prisional, vamos receber temas e sugestões de assuntos que estão relacionados com a cultura dos privados de liberdade; se estivermos trabalhando com uma escola central, vamos receber temas relacionados à sociedade urbana.

Estratégias pedagógicas em Modelagem

O nosso papel, como professores, não é simplesmente colocar a Matemática neutra do currículo para os estudantes, mas fazer com que eles também tragam situações de fora para dentro da escola. Nesse cenário, a escola vai oferecer – e ensinar – a Matemática necessária para melhorar a compreensão daquelas situações, sempre levando em consideração também ferramentas que eles possam trazer de suas experiências externas ao contexto educacional. As ferramentas matemáticas que serão problematizadas, ensinadas e aprendidas serão aquelas necessárias para estudar e compreender esses problemas colocados por eles mesmos, de fora da escola (ou não) para dentro do ambiente escolar.

Podemos tomar como exemplo o trabalho de Gonçalves e Monteiro (2006), no qual as autoras fazem uma reflexão sobre a possibilidade da inserção de outras formas de medidas usadas na agricultura de trabalhadores da zona rural, principalmente no que se refere à questão do plantio e da colheita na agricultura. As autoras relatam que, de acordo com a prática social de certa comunidade, outras medidas continuam sendo utilizadas nesses grupos. Gonçalves e Monteiro (2006) nos alertam que os passos para a semeadura, os palmos para a construção de cercas ou as sacas de legumes, entre outras medidas, não deixaram de existir ou foram substituídas pelos sistemas métricos universais.

Considerando o cenário externo também, temos de adotar uma estratégia pedagógica para trabalhar com os diversos temas que podem aparecer dentro de uma mesma sala de aula. Às vezes, aparecem três, quatro ou cinco temas diferentes numa mesma sala. Para resolver esse impasse, adota-se o consenso entre os próprios alunos. Não devemos, nesses casos, fazer uma votação. Uma votação corre o risco de alienar aquele grupo cujo tema acabou "perdendo" no voto: e os alunos desse grupo podem se desestimular no momento de fazer, efetivamente, o trabalho. Esse momento exige uma reflexão sobre os contextos e os problemas do ambiente social, cultural e educacional que os alunos trazem para o ambiente escolar. Essa discussão sempre leva certo tempo; portanto, a Modelagem trabalha com tempos diferenciáveis da escola tradicional. Isso traz preocupações com algumas escolas que trabalham o currículo de Matemática com apostilas numeradas em que as aulas já estão determinadas para certo tempo. Os professores estarão trabalhando com a problemática social que esses alunos estão vivendo, e é valendo-se dessa realidade que vão construir um currículo, construir um programa de atividades em aula – e fora dela.

Por que tudo isso? Porque nós professores trabalhamos primordialmente com pessoas. Diferentemente de matemáticos, cujos problemas já vêm prontos para ser resolvidos e, mesmo que haja preocupação com o ensino, não há a mesma preocupação com a aprendizagem pelo sujeito aluno. Na Matemática dita pura, só terão de usar o que já está pronto da maneira mais sofisticada possível para que possam compreender o fenômeno apresentado. No caso da Modelagem, pretendemos que os nossos alunos aprendam, sim, Matemática, mas, muito mais do que isso, pretendemos problematizar contextos sociais e, nesse caso, defrontamo-nos com uma vertente em que o Brasil se destaca, pelo menos aos olhos dos pesquisadores de fora do Brasil, aquela denominada de sociocrítica (Araújo, 2010).

Como já afirmamos anteriormente, em nossa concepção de Modelagem, não estamos preocupados com a Matemática em si mesma, e sim em discutir problemas da realidade e fazer uso da Matemática para compreendê-la. Temos consciência de que para professores de Matemática formados numa concepção de que, mais importante que o aluno, está a própria Matemática, isso é muito difícil de aceitar. Entretanto, nessa postura por nós defendida, a Modelagem e a Matemática se posicionam no mesmo patamar das preocupações sociais.

Evidentemente, há uma preocupação muito forte se os alunos aprendem Matemática e, mais do que isso, de que os alunos necessitam aprender um instrumental matemático relevante, mas entendemos que essa aprendizagem vai se dar melhor, e isso é apenas uma suposição, se os alunos encontrarem um significado para aquilo que eles estão aprendendo, ou seja, se aquilo que está sendo ensinado na sala de aula faz sentido para eles enquanto pessoas que produzem uma prática social. Um aprendizado matemático crítico – e comprometido!

Assim, nas nossas práticas escolares, teremos de definir, por meio de um consenso, o que é mais importante para eles, ou seja, será que é melhor falarmos sobre o problema do "transporte urbano" indicado como tema por um aluno ou sobre a "cobertura da quadra poliesportiva", que outro sugeriu? O que é melhor sobre o ponto de vista social, educacional ou de qualidade de vida? O professor instiga esses alunos a escolher, a ponderar, a categorizar os temas, de modo que, aquele que mais os motiva, seja o escolhido.

Nesse sentido, Burak e Kluber (2007, p. 917) apontam que

> Na maioria das escolas é necessário compatibilizar o conteúdo estabelecido no currículo, apresentado de forma linear ou no planejamento para determinada série. Essa forma conflita com a proposta da Modelagem que preconiza o problema como determinante do conteúdo.

Cabe observar que essa escolha não é em função "de que Matemática se vai precisar", e sim relacionada diretamente à preocupação dos alunos.

Riscos e insegurança na Modelagem

Um dos aspectos que se torna recorrente nos debates acerca da presença da Modelagem em sala de aula refere-se à insegurança que ela pode proporcionar ao professor. Vamos retomar a seção anterior, na qual descrevemos sobre a escolha do tema. Terminada essa etapa de discussão e elaboração do tema a ser trabalhado, o professor precisa programar alguma atividade para as aulas seguintes. Nesse momento, usualmente os professores se sentem desestabilizados, por não terem mais o apoio e o conforto de um livro didático para seguir. Não têm mais a lista de conteúdos a ser trabalhados de acordo com a sequência que aparece no programa adotado. Não há mais um cronograma de atividades a ser seguido, previamente estabelecido.

Oliveira e Barbosa (2011, p. 267-268) nos alertam que

> A presença da modelagem na escola representa desafios para os professores, pois as aulas de Matemática apresentam uma dinâmica diferente, já que acontecerão diversos caminhos propostos pelos alunos para a resolução do problema. Com isso, não há a previsibilidade do que ocorrerá nas aulas na utilização deste ambiente de aprendizagem movendo os professores para uma zona de risco.

E isso de fato desestabiliza o professor, visto que, com base no tema escolhido, vai começar a ser produzido um planejamento, já com as aulas em andamento, e o que será produzido na sala de aula vai depender, quase exclusivamente, da participação dos alunos. E isso é muito difícil de conseguir numa escola, porque nossa forma de organização escolar produziu e produz pessoas "mudas". Essa forma de organização nos mostra que crianças participam mais que adolescentes e adolescentes mais que adultos. À medida que avançamos nos níveis de escolaridade, percebemos menor participação de alunos em sala de aula. A escola ensina aos alunos que quem não fala não erra, mas se esqueceu de ensinar que quem não tenta não progride.

A justificativa desse "emudecimento" se dá na concepção epistemológica adotada de que a Matemática já está pronta, não precisamos discuti-la, basta aos alunos ouvirem as verdades que os professores têm a dizer. Por isso carteiras enfileiradas e não em círculo; por isso, em algumas escolas, o professor acima do nível espacial dos alunos – num tablado. Nossas salas de aula são auditórios, e não parlatórios. O aluno chega entusiasmado e cheio de perspectivas e, à medida que o tempo vai passando, percebe que não adianta participar porque tudo o que ele diz, como aluno, pouca importância tem – ou nenhuma. O que importa é o que os professores repetem aquilo que os matemáticos escreveram. Não há uma problematização socialmente contextualizada dessa Matemática que chega pronta às atividades de classe. Assim, a Matemática chega para os alunos neutra e descontextualizada, com pouca ou nenhuma relação com a realidade de quem está na sala de aula: professores e alunos.

Na Modelagem há a falta de guia, o que faz com que os professores se sintam inseguros e com certa razão. Primeiro, porque há uma pressão da escola de que os professores precisam cumprir o programa; segundo, porque há uma pressão dos pais que querem ver o caderno dos seus filhos com as tarefas, com listas de exercícios. Ora, nessa nova maneira de educar matematicamente, não há uma lista padrão de exercícios. Essa lista pode e deve surgir, mas seu objetivo é o de capacitar o aluno no enfrentamento do problema principal. Essa lista poderá vir *a posteriori* no sentido de treinar (os construtivistas que não se prendam ao termo, mas à técnica de capacitar o sujeito aluno). É importante que professores e alunos tenham a Matemática como um conjunto de procedimentos para quantificar fenômenos e, assim, compreendê-los de modo qualitativamente melhor. É de se esperar que os alunos, depois de aprenderem para que se faz, queiram treinar tais procedimentos instrumentais com o objetivo de "assimilar" sua linguagem. Tal ideia vai da mesma forma fazer com que as crianças escrevam cartas para treinar as regras gramaticais da língua portuguesa, por exemplo: treinar as regras e os procedimentos daquilo que convencionamos e designamos por Matemática. Não no sentido de exercitar o nosso raciocínio, mas no de dominar procedimentos (alguns mecânicos) para o uso de determinada ferramenta matemática. As operações fundamentais, por exemplo: assim como se podem treinar alunos para resolver uma operação de divisão usando determinado algoritmo, podemos treiná-los para fazer uso da calculadora. Mecanização. Não queremos dizer, com isso, que não é importante que os estudantes saibam usar determinados algoritmos, que não devem compreendê-los, e sim que, em determinadas situações, pode ser mais interessante que eles utilizem as tecnologias existentes. Como, por exemplo, no esporte, diante de um procedimento mecânico, o treino ainda é um método eficiente. Só que, nesse caso, o uso da calculadora é muito mais rápido, muito mais eficiente, muito mais prático e, finalmente, muito mais atual. E confiável.

Diante dessa complexidade em que o professor não tem mais um cronograma preestabelecido dos conteúdos que devem ser "dados" para os alunos, mesmo que a participação dos estudantes seja imprescindível para a concepção de Modelagem aqui destacada, ele não poderá deixar para os próprios alunos a tomada de decisão e os encaminhamentos das aulas futuras. Sempre, de uma aula para outra, o professor precisará deixar uma ação reflexiva para os alunos realizarem, e essas ações serão decorrentes de situações vivenciadas na aula do dia anterior.

Evidentemente que haverá sempre um planejamento de curso, que haverá um produto no final, mas, quando o professor faz os alunos participarem do processo, o currículo vai sendo construído ao longo da trajetória do ano letivo, ou seja, não é uma coisa pronta e acabada; ele vai sendo construído pelos alunos junto com o professor, de fora para dentro da escola, e não como comumente estamos acostumados a ver, da escola para os alunos; e o papel do professor é instrumentalizar esses alunos e ensinar (e às vezes aprender) conteúdos matemáticos advindos das necessidades desse processo de construção e da necessidade de se compreender aquela situação escolhida por eles. O professor precisa vir a dominar todas as regras e convenções daquilo que designamos de "Matemática" e, nisso, tornar-se aluno também, e os alunos terão o desafio de estudar aquilo que lhes dá significado para a vida. Nós, professores de Matemática, em geral não educamos nossos alunos para ser matemáticos, e pelas condições atuais, serão poucos os que desejarão seguir a carreira do mestre.

Por isso, o currículo não está pronto, isto é, ele vai sendo construído ao longo do processo. E, nessas circunstâncias, o conceito de currículo vai se aproximar muito da concepção de que ele é ligado à vida das comunidades e das pessoas, e não a alguma coisa que está pronta para ser seguida. Assim, não devemos estar preocupados com testes quando estamos trabalhando com Modelagem. Estamos preocupados em problematizar certa situação da realidade vivida e, a partir dali, usar procedimentos, regras e convenções que determinamos como Matemática para os alunos (e nós também) compreendermos essas situações da realidade. Estamos mais preocupados com as questões sociais, culturais e políticas: aprender Matemática é para ser cidadão – plenamente.

Nesse sentido, o que queremos com a Modelagem é ensinar Matemática de uma maneira que os alunos, a partir das ações para esse ensino, também criem mecanismos de reflexão e de ação. Portanto, nessa perspectiva não existe mais um currículo neutro, descontextualizado e sem significado nem para o professor nem para o aluno.

Capítulo III

Modelagem e sala de aula

A Modelagem e os novos paradigmas educacionais

Temos vivido, no tempo em que este texto foi elaborado e escrito, uma época em que o ensino de Matemática – e a palavra "ensino" é usada, aqui, sobretudo como indicativa da organização da estrutura escolar, da orientação quanto a métodos e sugestões de atitudes didáticas – tentou tornar o trabalho em sala de aula, no aprendizado dessa mesma Matemática, mais "palatável" para alunos e para professores. A justificativa explícita (bem como o termo usado) visa facilitar a assimilação de conceitos, de procedimentos e de técnicas. Tais esforços incluem não apenas tais técnicas, processos e conceitos (num esforço muitas vezes original, instigante e divertido, por sinal), mas um modo de apresentar a Matemática por um viés que se propõe ser sedutor, um esforço que não é novo.

A Modelagem, na aprendizagem, recusa, porém, a preferência por esta postura: apoia-se, antes, numa necessidade. Esse "precisar" da Matemática pode ser fruto de motivação lúdica, sim, como quando alunos modelam a construção da cobertura da quadra da escola, mas também pode ser resultado de um anseio da comunidade da escola e dos alunos. É o que Alves (1994) chama de "pedagogia do estorvo" em seu estilo irreverente e provocador: a humanidade aprende o novo quando algo não vai bem.

Há outro aspecto paradigmático, além desse da necessidade de aprender: o da mudança do sujeito. Em nossa concepção de Modelagem, desde a escolha do tema, passando pela formulação, pela consciência do "precisar aprender" e mesmo na crítica aos resultados obtidos, o sujeito do processo é o aluno. Na maior parte das experiências por nós vivenciadas, as escolhas dos temas se apoiavam, inicialmente, no diálogo com os interlocutores das áreas em que escolhiam as situações-problema, fossem em indústrias locais, em prestadoras de serviço, sítios, comércios, etc. Tais interlocutores passavam, de certo modo, a ser "professores" dos temas, promovendo um aprendizado de todo um entorno a ser aprendido. Em seguida, os membros dos grupos, seja alunos dos ensinos fundamental, médio seja de cursos de especialização, tinham de se assumirem como cientistas, nos procedimentos de escolher hipóteses e/ou fazer suposições e, num vaivém da tentativa e erro, testá-las – e sua relevância nas sucessivas Modelagens. Esse papel do *aprendedor* é, no que aqui chamamos de "novo paradigma", totalmente explícito, consciente: um papel que o aluno *aprendedor* assume. O aspecto do novo remete não tanto à consciência de se verem nesse papel, mas no saberem ser sua a responsabilidade de fazê-lo: "Minha" comunidade e "meu" grupo precisam deste meu trabalho, deste meu esforço, desta minha crítica.

Há outro aspecto paradigmático que podemos destacar: algo de *novo* pode (e deve) ser feito, como conceitos que podem ser "novos" ou também "velhos": na matematização, mede-se, efetuam-se operações, avalia-se, compara-se, estimativas são feitas: há a necessidade de decidir *per se*. Neste caso, o professor do curso trabalha com os estudantes não apenas orientando a recuperação de conceitos já "velhos" (no sentido de conhecidos), mas também provocando o processo de criticar conceitos, usos, estratégias, algoritmos, resultados, precisão. Aqui, um resultado que poderia ser considerado como errado não equivale naturalmente a uma nota baixa, a um risco com caneta vermelha. Vale, sim, como um resultado testado, rejeitado e que pode indicar novos caminhos e estratégias, novas necessidades e rumos. Erros assim levam, muitas vezes, a uma nova compreensão do problema original e também do modelo matemático.

Esses são de fato novos paradigmas? É inevitável a lição poética de Renato Teixeira,[11] que canta o sabor da "água nova que se bebe nas velhas fontes": conceitos matemáticos podem ser totalmente novos, e pode ser total novidade sua presença em aspectos da vida de alunos e de comunidades, pode ser nova a maneira de abordar o problema no processo de matematização, mas é ainda a velha prática de usar o que se aprende para construir conhecimentos na vida, para a melhoria da qualidade de vida, para mudar a história. Um passo essencial na transformação da educação escolar em sabedoria social.

No contexto desses novos paradigmas, não podemos deixar de mencionar que a postura do aluno também necessita de mudanças. Conforme mencionamos anteriormente, o "emudecimento" dos estudantes, no decorrer dos anos escolares, é algo que depõe contra o trabalho com Modelagem. Um dos autores, ao propor que seus alunos de Licenciatura em Matemática escolhessem um tema para que eles investigassem, deparou-se com a dificuldade desses estudantes, futuros professores de Matemática, no ato da escolha. Esses alunos não conseguiam eleger um assunto que, de fato, fosse importante para eles. A preocupação maior era com a nota, com o "agradar" o professor. E por quê? Porque aprenderam, desde sempre, que os problemas lhes são apresentados, e que eles devem "apenas" utilizar a Matemática para resolvê-los, sem questionar, sem pensar muito sobre o porquê estão fazendo aquilo, de fato. E como "quebrar" esse paradigma, construído e reforçado ao longo de muitos anos de escola?

Sobre essas questões, Hermínio (2009) discute em seu trabalho as dimensões acerca da escolha de temas de projetos de Modelagem, em um determinado contexto. A autora evidencia quatro delas, a saber: a *dimensão pessoal*, ou seja, o interesse, a *dimensão sociocrítica*, a *dimensão matemática* e a *dimensão palavra do professor*. Sobre esta última, Hermínio destaca que a escolha do tema é influenciada, ainda que de forma inconsciente e desproposital, pela palavra do professor. A autora enfatiza que

[11] Renato Teixeira de Oliveira, nascido em Santos, é cantor e compositor brasileiro.

> Esse tipo de comportamento dos alunos se dá devido ao contrato didático e ao currículo oculto estabelecido com eles durante a sua vida escolar, pois eles vêm de uma cultura escolar na qual as atividades são, em sua maioria, atividades fechadas, com perguntas e respostas, com direcionamento claro do que eles devem fazer e o que o professor espera que esses alunos façam (Hermínio, 2009, p. 82).

Esse autor ainda destaca que a mudança de postura que existe, muitas vezes, nas atividades de Modelagem, nas quais os alunos são os atores principais e o professor, o orientador do processo, faz com que a ênfase esteja na relação do aluno com o conhecimento, a qual é mediada por um professor que está preocupado e engajado no processo de construção desse conhecimento pelo aluno. E esse não é o paradigma usual, considerando o modelo educacional vigente, e, para os estudantes, esse processo requer adaptação, nem sempre fácil.

Retomando a experiência mencionada anteriormente sobre os licenciandos em Matemática, acreditamos que o mais importante, nela, não foi o modelar, e sim a reflexão proporcionada pelo trabalho com a Modelagem. Muito daquilo que se lê nas diretrizes elaboradas pelo Ministério da Educação (MEC),[12] entre as quais os Parâmetros Curriculares Nacionais, destaca a formação do aluno crítico, reflexivo, capaz de resolver problemas, e reforça que o ensino da Matemática deve estar a favor do exercício da cidadania. E como alcançar tais objetivos? Para nós, a Modelagem é um dos caminhos, mas, para isso, é necessário que os professores de Matemática sejam formados para que possam levar isso para as salas de aula.

Assim, para que a postura dos estudantes e dos professores mude, é preciso que esses paradigmas educacionais cheguem de fato às salas de aula. E isso passa pelas ideias de Modelagem que estamos apresentando neste livro. É claro que não temos uma fórmula pronta, nem acreditamos que exista uma única forma de essas mudanças acontecerem. Mas alguns caminhos e experiências por nós vivenciadas nos mostraram que a Modelagem pode contribuir para a chegada desses novos paradigmas às salas de aula.

---

[12] Ministério da Educação. Disponível em: <http://www.mec.gov.br/>. Acesso em: 15 ago. 2011.

Modelagem e a formação de professores

Evidentemente que, para que esses novos paradigmas possam ser implementados, é preciso refletir um pouco sobre a formação de professores de Matemática. Os programas das Licenciaturas em Matemática, em sua maioria, estão ainda relacionados às amarras do cientificismo em que se focalizam, de maneira geral, nas práticas educacionais vigentes, ancoragem no paradigma da ciência moderna, vinculada ao Iluminismo do século XVIII. Embora existam mudanças de legislação e de postura em alguns contextos, na prática, o que vemos ainda é um modelo pautado na separação entre os conhecimentos matemáticos e pedagógicos.

O paradigma mencionado traz a essas práticas educacionais, incluindo a Matemática, um determinismo, tanto no nível da produção dos conhecimentos quanto nos diferentes aspectos das relações institucionais, a objetivação das leis universais, e tendo como princípios básicos a cientificidade e a objetividade; priorizando a organização racional; o conhecimento especializado e tomando como base de produção de conhecimento a ideia de evolução, progresso, linearidade finalista, representação e de verdade absoluta.

Nessa direção, a formação de professores, tendo como pressupostos básicos os fundamentos epistemológicos que sustentam uma pedagogia que tem como um dos focos a Modelagem, vai se dar na tentativa de superar tal neutralidade e apontar para novas linguagens, como, por exemplo, as noções de sujeito, identidade, razão e evolução/progresso, desarmando, assim, tais princípios, eminentemente cientificistas e acadêmicos (Costa, 2002).

Isso, de maneira geral, não é fácil. Na formação inicial do professor de Matemática, isso significa redimensionar os cursos de licenciatura, implicando, necessariamente, recusar os lugares fixos e as verdades a ser descobertas, potencializando a criação e a ruptura e valorizando uma postura de formação sustentada pelas relações em detrimento do absolutismo autoritário.

Tal postura deverá formar um professor que, em vez de pensar uma prática educacional com base em objetos a ela relacionados, como, por exemplo, "o aluno", "o professor", "um método de ensino", terá de pensar na constituição dos objetos com base nessas práticas. O que passa a existir, nessa postura de educação, são relações de toda ordem, múltiplas e diferenciadas, vigentes em determinado contexto, em determinado momento histórico.

Formar professores de Matemática na perspectiva da Modelagem passa pelo questionamento (e, quem sabe, pela negação) do direito de universalizar o particular, de igualar as diferenças e da pretensão de abarcar a totalidade. Com isso, a ideia é fazer com que o futuro professor de Matemática perceba não somente a perspectiva dos territórios demarcados, em que os papéis já estão prontamente definidos, recortando os sujeitos e definindo-os por oposições binárias, como aluno-professor, homem-mulher, jovem-velho, orientador-professor, mas também privilegiar a dimensão de como reproduzimos, ou não, a subjetividade dominante (Barros, 2000).

Nesse contexto, é necessário indicar a urgência de se construírem outros planos para o processo educacional, apoiados numa ética em que os conhecimentos matemáticos ganharão significados nos usos que fazemos deles (Wittgenstein, 1999). A Modelagem, nessa perspectiva, parece-nos um caminho para que esses significados sejam atribuídos.

Assim, formar professores considerando as dimensões apresentadas significa buscar alternativas pedagógicas, entre elas a Modelagem, que colocam em xeque o totalitarismo e a intolerância à diversidade, no âmbito da produção de conhecimentos, e construir espaços democráticos (Skovsmose, 1994, 2001) nos quais se possam responder às exigências contemporâneas da produção de conhecimentos. Para isso, é necessário que os formadores de futuros professores considerem nos seus programas uma forma de ensinar e aprender que leve em conta o ritmo e a diversidade da sociedade contemporânea, procurando brechas no poder dos especialistas e dos tecnocratas.

Formar professores valendo-se das ideias apresentadas consiste em desmontar uma estrutura em que o importante é somente a transmissão de conhecimentos sistematizados ao longo do processo de educação. Pelo contrário, tal proposta visa pôr em evidência, ou tornar visíveis, saberes e conhecimentos mais amplos do que os somente contemplados pela Universidade, ou seja, ampliar o seu campo de ação e redimensionar o seu trabalho e de outros espaços do saber, privilegiando outra ética para os processos educacionais, em que cada um dos membros de determinado grupo inscreva-se e localize-se em um espaço de conhecimento efetivamente democrático (Authier; Lévy, 1993). É nessa perspectiva de formação de professores que entendemos que a Modelagem possa ser incorporada nos cursos de Licenciatura.

No entanto, ensinar e aprender Matemática usando como pressupostos teórico-metodológicos a Modelagem nem sempre se traduz em uma experiência de sucesso. Vários pesquisadores (Barbosa, 2001; Almeida, 2004; Oliveira, 2010) que investigaram aspectos da Modelagem na formação dos professores, tanto na inicial quanto na continuada, identificaram algum obstáculo nesses cursos.

Buscando no trabalho de Silveira (2007), identificamos, especificamente à postura do professor, aspectos que se referem: à preocupação em cumprir o conteúdo (Anastácio, 1990; Burak, 1987; 1992; Dias, 2005; Fidelis, 2005; Luz, 2003; Martinello, 1994); à preocupação com a sequência dos conteúdos diferente da "sequência lógica" (Martinello, 1994); à falta ou à preocupação com gasto excessivo do tempo (Barbosa, 2001; Dias, 2005; Fidelis, 2005; Roma, 2003); à preocupação com a reação dos pais (Barbosa, 2001; Burak, 1992; Caldeira, 1998); à preocupação acerca do processo de construção do conhecimento (Luz, 2003; Anastácio, 1990); à insegurança diante do novo (Anastácio, 1990; Barbosa, 2001, Burak, 1987, 1992; Caldeira, 1998; Dias, 2005; Gavanski, 1995; Gazzetta, 1989); ao não acompanhamento de um profissional que tenha maior experiência do domínio sobre a Modelagem (Burak, 1992); à reação dos alunos (Barbosa, 2001) e a maior exigência do professor na preparação e no momento da aula (Dias, 2005; Jacobini, 2004; Roma, 2003).

Considerando propriamente a escola, percebemos pelo trabalho de Silveira (2007) que muitos professores em formação, quando em contato com a Modelagem, reclamam da ausência de colaboração da parte administrativa da escola (Anastácio, 1990; Barbosa, 2001; Roma, 2003; Martinello, 1994; Burak, 1992), bem como da grande quantidade de alunos por turma (Anastácio, 1990; Barbosa, 2001). A estrutura da escola (Barbosa, 2001) dificulta a Modelagem e também os objetivos da Modelagem são muitos diferentes dos objetivos da instituição (Fidelis, 2005; Roma, 2003).

No que se refere à participação da comunidade, perceberam uma ausência de colaboração dos pais (Anastácio, 1990; Barbosa, 2001; Roma, 2003; Martinello, 1994; Burak, 1992). Os alunos do noturno também sentiram indisposição e cansaço em desenvolver as atividades (Roma, 2003). Alguns até disseram que não gostam desse novo método (Roma, 2003).

Particularmente, o segundo autor deste livro (Caldeira, 1998) teve a oportunidade de trabalhar com professores e professoras em escolas públicas da periferia de uma grande metrópole, nos ensinos fundamental e médio. Num primeiro momento, atuou enquanto professor de um curso de capacitação sobre Modelagem, e depois acompanhou as professoras de tal curso que tiveram interesse em trabalhar com Modelagem em suas salas de aula. Nesse cenário, os resultados mostram realidades distintas. Enquanto as professoras atuaram como "alunas", as experiências foram de pleno sucesso, todas se mostraram muito contentes e interessadas em levar às suas práticas de sala de aula essa nova concepção. Entretanto, quando foram aplicar com seus alunos aquilo que tinham desenvolvido ao longo do curso de formação, nem sempre obtiveram sucesso. E mais, das dezoito professoras que participaram do curso, apenas quatro resolveram levar a Modelagem para suas salas de aula.

Na primeira etapa, somente as professoras atuaram nas experiências. Já na segunda estavam envolvidos os estudantes dessas professoras, em seu cotidiano de sala de aula. E isso fez uma grande diferença. No primeiro momento, não tínhamos a preocupação de seguir um programa. Sem contar que as professoras, no curso de formação, não tinham de ensinar Matemática, ou seja, bastava utilizar aqueles conhecimentos que elas já possuíam para matematizar os temas escolhidos. Evidentemente há também na literatura experiências de sucesso com relação à Modelagem em sala de aula. Quisemos nesse momento mostrar apenas alguns pequenos fragmentos em que nos mostram que, às vezes, há obstáculos na sua implementação em sala de aula com os alunos ou mesmo nos cursos de formação de professores.

Tais experiências nos fazem refletir sobre cursos de formação continuada de professores: um aspecto é trabalhar sem estudantes, outra, bem diferente, é trabalhar com os mesmos pressupostos teóricos e epistemológicos, mas com a participação dos estudantes, seguindo um programa e dentro da estrutura que a escola nos impõe, enquanto instituição governamental ou não.

Isso nos mostra que formar professores de Matemática na perspectiva da Modelagem significa pensar que possa existir uma determinada concepção que sustente teoricamente, mas também uma prática – uma pedagogia – que leve em conta aspectos relacionados não somente à Matemática por ela mesma, mas também a possibilidade de ela ser incorporada, na sala de aula, como um elemento que possa ser visto da mesma forma como uma ferramenta para compreensão e tomada de decisão na realidade vivida pelos atores do processo, no caso estudantes e professores, fazendo uso ou não das tecnologias usualmente aceitas pela sociedade.

A tomada de consciência dessa concepção implica fornecer aos professores, primeiramente, subsídios para que possam perceber a existência dessa possibilidade, e, em seguida, desmistificar alguns paradigmas postos que a Matemática serve apenas, e tão somente, para desenvolver o raciocínio e fornecer aos estudantes seus aspectos intrínsecos, como postulados, teoremas e propriedades, incorporando assim, sempre, uma forma de pensar que ela deva ser vista somente pelo seu formalismo e pela sua estrutura lógica-axiomática-dedutiva. Não que tais aspectos não devam existir, porém que se incorpore também uma visão menos "formalista" (dentro da analogia livre discutida no início deste livro) e mais voltada para o estudante, numa perspectiva de que tal visão possa fazer dele uma pessoa que pense e aja matematicamente, numa concepção mais externalista e voltada para as relações sociais, numa visão mais antropológica (D'Ambrosio, 1993), incorporando também aspectos socioculturais em que esses conhecimentos se articulam, num tempo presente.

Tal formação deverá estar muito mais voltada para uma forma de entendimento de que o conhecimento ganha significado nas ações produzidas num determinado contexto, regido pelas necessidades de compreensão das coisas que se mostram naquele tempo, fortemente conduzido pelas relações de poder, do que simplesmente aquela em que estamos acostumados a ver e repetir nas práticas escolares e nos cursos de formação de professores, de que o conhecimento se dá pela descoberta e por pessoas iluminadas e que basta seguirmos os passos preestabelecidos por essas pessoas para que possamos conhecer as coisas que nos mostram a realidade.

Na perspectiva da Modelagem, faz-se necessária uma formação em que o foco central seja fazer com que o futuro professor perceba que as regras e convenções estabelecidas daquilo que denominamos de "Matemática" ganhe significado nas aplicações que fazemos delas no contexto em que tais regras estão sendo aplicadas, e não somente na transmissão de conteúdos já sedimentados – descontextualizados. Os futuros professores deverão ser preparados para que eles, junto com os seus alunos, atuem como pesquisadores de sua vivência cotidiana e, a partir delas, possam buscar os sentidos que são produzidos nas regras e convenções que fazemos para entender e compreender tal vivência. Eles deverão ser formados a buscar os problemas para pesquisar, os quais deverão vir de situações reais. Nesse processo, a curiosidade e o desafio servirão de motivação para sua formação.

Assim se faz também necessário mudar a dinâmica das salas de aula dos cursos de Licenciatura em Matemática. Além dos trabalhos individuais, grupos tornam-se necessários para uma dinâmica mais participativa, por meio da qual ele, como futuro professor, passe da passividade das aulas expositivas e explicativas, em que é um mero expectador e depositário de informações, para uma dinâmica integrativa e criativa. E que se deva possibilitar uma postura diferenciada daquela de "eu-aqui-e-você-lá". É preciso que ela seja mais integrativa, na qual, muitas vezes, algumas abordagens dos alunos poderão ser novidade para o professor também. Dessa maneira, tal formação terá de deixar claro aos futuros professores que sua principal função na escola será a de orientar, propor trabalhos e possíveis caminhos a partir dos quais os alunos serão capazes de gerar problemas do seu cotidiano para, posteriormente, ser resolvidos numa dimensão quantitativa, produzindo aí oportunidade a fim de que o aluno possa fazer usos da Matemática para entender e compreender tais situações. Na busca pela aprendizagem das regras e convenções, para essa compreensão, os alunos poderão comparar os sentidos que são produzidos por eles na sua forma de vida (Wittgenstein, 1999) com aquelas que o professor traz consigo, decorrente da sua formação de professor de Matemática acadêmica.

Portanto, deverá ser um professor que participará junto com os alunos na elaboração de situações para as consequentes soluções, ou para elaborar e validar soluções provisórias e parciais ou aproximadas dos problemas advindos de sua vivência cotidiana.

Modelagem e as práticas docentes

Acreditamos que, para o leitor, é interessante refletir sobre as experiências que nós, autores, vivenciamos com os estudantes. Para isso, fizemos um pequeno recorte de como elas foram organizadas, no sentido de oferecer exemplos para que se possa ter uma ideia de como a Modelagem, nessa nossa perspectiva, pode ser desenvolvida nas salas de aulas. Antes de descrevermos de fato tais experiências, porém, acreditamos ser de extrema importância situar o leitor acerca do cenário onde elas aconteceram, além de explicar, de modo sucinto, a dinâmica na condução das atividades de Modelagem.

O contexto é da escola pública brasileira de periferia dos grandes centros urbanos, que, em suas raras exceções, nos mostram um cenário caótico: salas lotadas, espaço físico precário, pouca organização educacional, refletindo uma educação com baixa produtividade. Em todos os casos que serão aqui relatados, procuraremos mostrar como a experiência se deu, além de algumas considerações em termos de participação das professoras e dos estudantes.

A dinâmica dos trabalhos nas duas escolas que serão aqui retratadas foi sempre a mesma: em todas as classes inicialmente discutíamos com os estudantes, de forma que eles pudessem dizer qual a impressão que tinham sobre o contexto em que eles viviam: a escola, o bairro, a cidade. Esse primeiro debate servia como elemento integrador entre a professora e os seus estudantes, com o objetivo de perceber o que os motivaria para os trabalhos com Modelagem. Em seguida, esses eram separados em grupos menores, com a finalidade de que eles pudessem discutir e anotar os temas que seriam problematizados e trabalhados, sob o ponto de vista matemático, mas não só. A partir de uma lista de temas elaborada pelos grupos, fazíamos a categorização, de modo que esse reagrupamento indicasse aos estudantes visões diferenciadas sobre eles. Na sequência, esses temas eram escritos no quadro, e os alunos manifestavam-se, opinando sobre cada um deles e seus múltiplos aspectos, suas urgências, sua gravidade e a necessidade de solucioná-los. Antes, porém, deixávamos claro para os estudantes que não era o papel da escola solucionar as questões discutidas ali, mas fazer uma reflexão sobre elas, analisá-las sob o ponto de vista da Matemática, no sentido de entendê-las melhor para poder tomar alguma decisão no futuro.

Essa discussão se fazia necessária para que os estudantes pudessem ter um parâmetro de comparação entre os temas e, por meio de um debate consensual, escolher aquele que consideravam o mais emergencial e necessário. No passo seguinte, acontecia o processo do seu reconhecimento, buscando a compreensão dos motivos de ser aquele um tema que merecesse ser trabalhado em sala de aula. Essa discussão servia como pano de fundo para o trabalho de campo. Sempre visitávamos, quando necessário e possível, o local do tema escolhido para que pudéssemos ter outra visão sobre a questão e também coletar dados para o processo da Modelagem.

Primeiro caso: A construção da quadra poliesportiva da escola

Um primeiro exemplo aconteceu em uma sala de aula do sexto ano diurno do ensino fundamental de uma escola municipal (Caldeira, 1998). Os temas mais gerais, escolhidos pelos estudantes, foram: desmatamento, chaminés industriais, poluição do ar e de rios. Debatemos com eles aqueles temas e logo em seguida pedimos que formassem os pequenos grupos para que, então, discutíssemos as questões mais locais: da escola e do bairro.

Nesse momento, percebemos certo medo por parte de alguns estudantes em opinar sobre as questões da escola. Essa é uma etapa muito importante do processo de Modelagem, quando se trabalha com estudantes, com temas da realidade. Aqui, diferentemente do contexto em que são apresentados os problemas fictícios, o ensino e a aprendizagem da Matemática não se dão de maneira neutra e desarticulada do contexto. Aqui se faz necessária a participação dos estudantes no sentido de se posicionarem diante dos problemas do cotidiano, além do enfrentamento por parte daqueles que se sentem ameaçados pelas possíveis denúncias que podem ocorrer quando se promove o debate.

Alguns estudantes perguntaram se a diretora estava sabendo do desenvolvimento daquelas atividades, numa postura que denunciava o receio que pudesse acontecer com eles alguma coisa ruim, se por ventura discutíssemos assuntos que, na opinião deles, seriam de competência somente da direção da escola.

Essa etapa de discussão para a escolha do tema para o processo de Modelagem foi muito rica. As propostas foram variadas, desde as mais gerais, inicialmente escolhidas, como desmatamento e poluição, até outras mais locais, como a manutenção da escola, a mudança do horário do intervalo e até mesmo a não obrigatoriedade do uniforme escolar. No final, os estudantes sugeriram os seguintes temas: cobrir a quadra poliesportiva; realizar plantio de árvores na escola; ministrar aulas de informática; propiciar conforto ambiental na sala de aula e discutir a merenda escolar.

Após as discussões sobre os temas, o escolhido consensualmente foi a cobertura da quadra poliesportiva. Esse tema, aparentemente não tão importante quanto os outros sugeridos, foi o eleito pela necessidade e vontade dos estudantes em não perderem a oportunidade de fazer uso da quadra em dias de chuva.

Terminada essa primeira etapa do trabalho, o objetivo seria identificar alguns elementos desse tema para que pudéssemos abordar as questões da Matemática que compunham o programa daquele ano escolar.

Percebemos que os estudantes conheciam alguns dos principais elementos para a construção da cobertura da quadra poliesportiva, e o que tínhamos de fazer naquele momento era usar os conteúdos matemáticos do programa daquele ano de modo que as 'peças', relacionadas por eles, pudessem ser aí encaixadas. Teríamos de fazer com que eles percebessem que os conteúdos matemáticos contribuiriam para melhor compreensão da dinâmica e das reais possibilidades existentes a fim de que a cobertura pudesse vir a ser efetivamente realizada.

Em seguida, fizemos um trabalho de campo. Levamos os estudantes até a quadra poliesportiva, que já existia na escola, para que eles tomassem contato direto com o objeto a ser investigado. O estímulo visual facilitaria o formato da construção da cobertura. O exercício de ação e reflexão, que fundamenta os trabalhos com Modelagem, foi muito importante neste momento. Agora, em sala de aula, pedimos que eles fizessem um desenho de como eles gostariam que fosse a cobertura da quadra poliesportiva. O objetivo dessa atividade era tentar identificar quais formas geométricas eles já conheciam e, a partir delas, termos uma pista de por onde começar o trabalho.

O processo de Modelagem exige certos conhecimentos que extrapolam somente a questão da Matemática em si. Fazem-se necessárias também algumas pesquisas que os subsidiem e tais que, sem elas, o trabalho se torna bem mais difícil. Foi pensando nisso que sugerimos as seguintes pesquisas para os estudantes: identificar as medidas da quadra poliesportiva que já existia e um modelo de cobertura, para que pudéssemos ter como exemplo; colher informações sobre coberturas de quadras de pessoas especializadas para subsidiar nossas ações futuras.

O prosseguimento do trabalho dependia, de certa maneira, dessa participação dos estudantes. O trabalho então foi convidar um profissional que nos desse informações sobre a construção da cobertura. O pai de um dos estudantes, pedreiro com muita experiência nessa área, apresentou uma palestra, a qual foi muito rica e interessante para o trabalho. Além disso, percebemos que os estudantes se sentiram muito honrados por ter sido o pai de um deles que auxiliou na discussão do trabalho. As medidas foram conseguidas pela planta baixa da quadra, fornecida pela direção da escola, e os desenhos dos estudantes ajudaram a decidir como continuar o trabalho com a Modelagem.

Assim, decidimos que íamos aproveitar os desenhos da quadra poliesportiva como modelo a ser seguido e fazer com que os estudantes construíssem as formas geométricas nela existentes e, a partir dessas construções, eles iam analisar matematicamente cada uma delas até o ponto que se fazia necessário para aquele ano escolar.

O trabalho se voltava novamente para a ação e a reflexão. Tínhamos a planta baixa da quadra e trabalhamos as escalas do mapa, mas, mesmo assim, os estudantes foram para a quadra para medi-la. Os instrumentos utilizados nos forneciam algumas medidas não exatas, e trabalhamos esse conceito na sala de aula também. Fizemos um aumento nas medidas para a cobertura, considerando os casos de chuva e sol, e isso nos proporcionou novos conhecimentos de quanto deveríamos aumentar para não comprometer o espaço sem perder a luminosidade da quadra.

Essas ações proporcionaram aprendizagem sobre área das principais figuras planas, perímetro, razão, proporção, volume e alguns cálculos envolvendo as quatro operações fundamentais.

Os procedimentos metodológicos para o ensino desses conteúdos variaram de acordo com o que a professora tinha mais domínio. Assim, trabalhamos com papel quadriculado, material dourado, exercícios do livro, construção de maquetes, entre outros. O importante foi fazer com que os estudantes pudessem perceber que tais conteúdos foram trabalhados porque estavam no currículo do sexto ano, mas, principalmente, porque eles apareceram em decorrência do tema que eles resolveram investigar.

Paralelamente a esta atividade, eminentemente matemática, os estudantes foram estimulados a escreverem um oficio endereçado ao Secretário Municipal de Educação, reivindicando a construção da cobertura da quadra poliesportiva daquela escola. Este documento foi protocolado pelos estudantes na Prefeitura Municipal e o recibo do protocolo foi entregue à diretora da escola, para que ela conduzisse o processo.

Segundo caso: Construção de uma área de lazer

O segundo caso trata também de uma escola municipal de periferia de um grande centro urbano, agora com uma turma do nono ano. Os procedimentos de escolha do tema foram similares aos do exemplo anterior, que culminou na investigação acerca da possibilidade de construção de uma área de lazer, a partir de uma área livre próxima da escola.

A escolha desse tema foi estimulada pela participação de um vereador que residia no bairro, convidado pelos estudantes para discutir a existência de alguma área livre que pertenceria à Prefeitura para o desenvolvimento do projeto. Nesse momento, precisávamos fazer um elo entre o tema escolhido e os conteúdos curriculares daquele ano, para que os estudantes pudessem perceber a importância da aprendizagem desses, para melhor compreender a questão que eles haviam escolhido. Não havia uma pergunta matemática a ser respondida. Entretanto, decorrente dos diálogos e dos encaminhamentos anteriores, o que os estudantes queriam era saber de que forma os conteúdos do currículo poderiam ganhar significado com a discussão sobre a construção de uma área de lazer no bairro.

Munidos de mapas e máquinas fotográficas, fizemos o nosso primeiro trabalho de campo, cujo objetivo era ter um primeiro contato com a área que seria estudada para podermos nos familiarizar com ela. Como consequência desse processo, obtivemos os dados sobre suas dimensões.

Diante disso, começamos a trabalhar com o conceito de áreas de figuras planas. Esse conceito matemático fazia parte do currículo, e juntamente com ele pudemos fazer um exercício de cidadania, ou seja, construir um documento reivindicatório sobre a construção da área de lazer, que deveria ser protocolado na Prefeitura Municipal pelos próprios estudantes. Tentamos fazer com que eles percebessem que o trabalho com Modelagem se daria com movimento de ação e reflexão e que, daquele momento em diante, sempre se daria de forma conjunta e complementar, tanto a questão dos conhecimentos matemáticos quanto a participação dos alunos no processo de cidadania.

Os trabalhos para determinar a dimensão da área de lazer sempre se deram em grupos e com o acompanhamento da professora. Os materiais utilizados foram os mapas da área, fornecidos pelo vereador, e também papel quadriculado, fornecido pela professora. Realizamos medidas de áreas das mais variadas formas, apesar de aquela de nosso interesse ter a forma de um retângulo.

Em seguida, partimos para o conceito de semelhança. Aproveitando as figuras que os estudantes haviam elaborado, a professora sugeriu que eles construíssem as mesmas figuras (mesma forma), porém de tamanhos diferentes. Como se a área de lazer fosse uma miniatura.

A atividade sobre semelhança também fazia parte do currículo e teve como objetivo compararmos as medidas da nossa área de lazer com as figuras semelhantes desenhadas pelos estudantes no papel. Aproveitamos também para trabalhar com o conceito de razão e proporção, por meio do conceito de escala, já que os estudantes foram convidados a fazer um desenho da área de lazer, que media 12m x 200m.

Nessa etapa, a professora estava muito preocupada com relação às anotações dos estudantes. Até aquele momento, havíamos usado pouco a lousa, e a preocupação da professora era de que os alunos não teriam como estudar para a prova. Sugeri que, para isso, poderíamos fazer o uso do livro, e que esse não deveria ser um guia para as nossas atividades, mas um instrumento de apoio e fortalecimento dos conceitos matemáticos; o mais importante era que eles haviam entendido os conceitos de área, perímetro e semelhança e que pediríamos que eles colassem as folhas das atividades no caderno.

O trabalho com projeto do ofício de encaminhamento do pedido de construção da área de lazer para a Prefeitura Municipal caminhava paralelamente com os de Matemática. Mas, nesse momento, deveríamos conduzir os estudantes à construção do conceito de equação do segundo grau. Para isso, teríamos de criar condições para que os estudantes pudessem perceber o uso desse conceito no processo de Modelagem. Olhando os desenhos dos estudantes, percebemos em um deles uma passarela para passeio de pedestres, que circundava o formato da área de lazer. Como o formato da área era retangular, sugerimos que os estudantes tentassem encontrar a largura da passarela por meio da resolução de um problema matemático com algumas condições iniciais. Então, sugerimos o seguinte problema: qual deveria ser a largura (medidas de comprimento) da passarela se quiséssemos que a sua área (medida de superfície) fosse 10% da área total?

O intuito era fazer com que os estudantes manipulassem os dados de modo que eles chegassem numa estrutura matemática que resultasse em uma equação do segundo grau. Com a nossa ajuda, chegaram à seguinte equação

$$(A - 2x).(B - 2x) = 0.9\ A.B \qquad \text{(XVIII)},$$

em que A era a medida da largura do terreno, B a altura e x a largura da passarela que, pelas condições iniciais do problema, deveria ser 10% do total da área.

Inicialmente trabalhamos com dados mais simples e depois colocamos na equação os dados reais e solicitamos dos estudantes que tentassem resolver essa equação. Percebemos que eles não conseguiam fazer; então, apresentamos a fórmula de Bhaskara e, como os cálculos com os números reais dificultavam sobremaneira sua resolução, principalmente na extração da raiz quadrada, fizemos também uso da calculadora. Em seguida, a professora apresentou a representação gráfica daquela equação. No final, discutimos as raízes positivas e negativas sob o ponto de vista da Matemática e também sob o ponto de vista do problema real e chegamos à conclusão que, nessas condições, a passarela ficaria muito estreita.

Por fim, os estudantes fizeram um desenho em escala da área de lazer e nela decidiram que deveria haver uma piscina, uma quadra de malha, uma pista de patinação e uma passarela para pedestre. Juntamente com esse projeto e as fotos da área. O documento foi encaminhado e protocolado na Prefeitura Municipal do município.

Com base nas experiências descritas, esperamos que o leitor tenha compreendido como a Modelagem pode ser vivenciada nas escolas. Salientamos ainda que cada sala de aula possui especificidades, e que essas condicionam a maneira como a Modelagem acontece.

Capítulo IV

A Modelagem na Educação Matemática

A Modelagem é uma tendência em Educação Matemática que tem sido amplamente difundida nos últimos anos (Biembengut, 2009) e também associada a outras, como as Tecnologias da Informação e Comunicação (TICs) (Diniz, 2007), Etnomatemática (Klüber, 2009), Pedagogia de Projetos (Malheiros, 2008), entre outras. Nesses contextos, os autores relacionam a Modelagem com outras tendências como meio de apresentar possíveis interseções, como forma de mostrar a sinergia existente ou até como possibilidade de interlocução entre diferentes linhas de pesquisa em Educação e em Educação Matemática. Neste capítulo, apresentaremos algumas perspectivas da Modelagem, partindo de seu nascimento na Matemática Aplicada até sua chegada plena à Educação Matemática e também traremos seções que abordam a Modelagem e sua relação com diferentes áreas.

Modelagem e suas diferentes perspectivas em Educação Matemática

A Modelagem permeia o cenário da Educação Matemática há algum tempo. Recentemente, ela passou a integrar também os documentos oficiais do MEC como um caminho possível para os processos de ensino e aprendizagem da Matemática na Educação Básica (Brasil, 2006). Com isso, muitos se perguntam o que seria a Modelagem, como "se faz" Modelagem na sala de aula e se ela é, de fato, viável nas escolas, entre outras questões.

Na literatura específica sobre o tema, não há uma única definição de Modelagem, mas as concepções apresentadas evidenciam convergências com base em estudos empíricos sobre o tema. Além disso, para quem usa a Modelagem, situações diferentes levam a diferentes conceituações – felizmente!

Nessa seção, apresentaremos algumas perspectivas da Modelagem, partindo de seu nascimento na Matemática Aplicada até sua chegada plena à Educação Matemática.

Sabemos que os modelos matemáticos são utilizados desde o início do desenvolvimento da Matemática (Gazzetta, 1989). Os conceitos de números, funções, entre outros, são considerados, por diferentes autores, modelos de alguma realidade. Todavia, apenas no penúltimo século, foi introduzido o termo "modelo" na Matemática, quando as geometrias não euclidianas de Lobachevski e Riemann foram aceitas na comunidade Matemática. Davis e Hersh (1985), por exemplo, citam que um dos primeiros modelos ditos modernos é o da teoria de Newton para o movimento planetário.

As aplicações da Modelagem no ensino da Matemática tiveram início no século XX, quando matemáticos puros e aplicados discutiam métodos para se ensinar Matemática. Ela se disseminou em alguns países, conforme relata Biembengut (2009). Seu surgimento no Brasil, de acordo com Borba e Villarreal (2005), ocorreu tomando-se por base as ideias e os trabalhos de Paulo Freire e de Ubiratan D'Ambrosio, no final da década de 1970 e começo da década de 1980, os quais valorizam aspectos sociais em salas de aula. São dessa década livros-texto como o de Leinbach (1974), em que o uso de computadores para efetuar, de fato, Cálculo Diferencial e Integral "para alguma coisa" se baseava em situações-problema da vida real, incluindo, além da Modelagem Matemática, o uso de máquinas e programas computacionais. Isso era necessário porque as "situações-problema" não eram de livro-texto e sim situações de fato, pois, além da modelagem do problema, exigiam conceitos abordados no Cálculo Diferencial e Integral. São também desse período os trabalhos de Burghes e Borrie (1981), James e McDonald (1981) e de Huntley e James (1990). Foram trabalhos que tiveram forte influência nos esforços de Modelagem Matemática nos processos de ensino e aprendizagem da Matemática entre os anos 1970 e 1980. O "toque" especial desses trabalhos era sempre o mesmo: "situações-problema" com o foco no real no cotidiano – e em forma de desafios para alunos e professor.

Na década de 1980, a Modelagem ganhou força por meio da influência de trabalhos como os de Aristides Barreto, Ubiratan D'Ambrosio, Rodney Bassanezi, João Frederico Meyer, Marineusa Gazzetta e Eduardo Sebastiani, que disseminaram a Modelagem valendo-se de cursos para professores e ações em sala de aula. Por meio deles, discussões sobre a elaboração de modelos matemáticos, bem como a maneira em que se elaboram tais modelos, em paralelo com outras sobre o ensino da Matemática, contribuíram para que a Modelagem se tornasse uma linha de pesquisa na Educação Matemática (Biembengut, 2009).

Considerando o cenário brevemente descrito, sabemos que nele a Modelagem Matemática possui diversas perspectivas, tanto na Matemática Aplicada quanto na Educação Matemática. No contexto da Educação Matemática, pode ser compreendida como um caminho para o processo de ensino e aprendizagem da Matemática ou para o "fazer" Matemática em sala de aula, referindo-se à observação da realidade (do aluno ou do mundo) e, partindo de questionamentos, discussões e investigações, defronta-se com um problema que modifica ações na sala de aula, além da forma como se observa o mundo.

Existem pequenas sutilezas que fazem com que as definições de Modelagem adotadas por diferentes pesquisadores apresentem aspectos diferenciados. Um dos autores, no Congresso Nacional de Matemática Aplicada e Computacional (CNMAC), em 1987, apresentou uma conferência intitulada "A arte de Modelar". Tal expressão também é utilizada por Bassanezi (2002, p. 16), que compreende a Modelagem Matemática como uma "[...] arte de transformar problemas da realidade em problemas matemáticos e resolvê-los interpretando suas soluções na linguagem do mundo real". Com isso, ele destaca a perspectiva de Modelagem no ensino também como um método de investigação e a relaciona com a ideia da integração da Matemática com outras áreas do conhecimento.

Gazzetta (1989) conceitua Modelagem como uma relação entre a realidade e a ação, na qual, a partir da realidade, o indivíduo codifica uma dada informação, que acaba gerando uma ação. Para ela, a realidade é formada por elementos concretos e abstratos, e o indivíduo "é parte e ao mesmo tempo observador da realidade", e com isso complementa que a "modelagem não apenas cria estratégias, mas também é, por si mesma, uma estratégia de ação sobre a realidade" (p. 29). Ela ainda salienta que o processo de Modelagem se inicia a partir de um problema para o qual uma resposta é procurada, e afirma que ela é uma alternativa para a busca do conhecimento. Essa ideia vem ao encontro daquelas expostas por D'Ambrosio (1986) há algum tempo. Ele defende que a aprendizagem é uma relação que envolve reflexão e ação, o que faz com que a realidade escolar acabe sendo modificada. Assim, quando um aluno cria modelos que lhe permitirão elaborar estratégias para que o problema gerador do modelo matemático seja estudado, compreendido e, até, resolvido, ele está utilizando conceitos, procedimentos e conteúdos matemáticos para esse fim e, dessa maneira, utilizando a Matemática em um contexto no qual a Modelagem está sendo usada como estratégia pedagógica.

Autores como Burak (1987, 1992) veem a Modelagem como um conjunto de procedimentos que têm como objetivo explicar matematicamente situações do cotidiano. Para ele, a Modelagem possibilita uma inversão do modelo "tradicional" de ensino, visto que com ela os problemas são eleitos em primeiro lugar, e, posteriormente, os conteúdos matemáticos são eleitos, de modo a resolver os problemas.

Em Borba, Meneghetti e Hermini (1997), os autores defendem a Modelagem como uma estratégia pedagógica na qual os estudantes que trabalham em grupos são os responsáveis pela escolha do tema a ser investigado, com o auxílio do professor. Nessa perspectiva, os alunos são convidados a estudar e a pesquisar um assunto de interesse deles, e, ao trabalhar com problemas abertos que não se restrinjam à disciplina Matemática, essa perspectiva pedagógica abre-se para a interdisciplinaridade.

Já Barbosa (2001) compreende a Modelagem como um ambiente de aprendizagem no qual os alunos são convidados a questionar e ou investigar situações com referências à realidade por meio da Matemática.

Araújo (2002) caracteriza a Modelagem como uma abordagem na qual problemas não matemáticos, provenientes da realidade dos alunos, são escolhidos por eles, e com ela, por meio da Matemática, tentam encontrar uma solução para o problema dado, sendo a Educação Matemática Crítica (Skovsmose, 2001) o embasamento para as discussões e para o trabalho.

Por outro lado, Caldeira (2009) propõe a Modelagem como uma proposta para educar matematicamente, no sentido de não considerá-la "apenas" como um método de ensino, e sim como uma concepção de ensino e aprendizagem. Tal concepção deve gerar um programa no desenvolvimento do seu processo, e nesse devem ser incorporadas também, além da Matemática dita universal, outras que por ventura possam advir de situações vivenciadas no processo de sua consecução. Assim, ele deve ser programado, flexível e em espiral, e não rígido e linear.

Há ainda diversos outros autores que apresentam perspectivas distintas sobre Modelagem e, em Araújo (2002) ou em Malheiros (2004), por exemplo, é possível encontrar uma revisão de literatura sobre tais questões. Entre todas as perspectivas apresentadas, acreditamos que o que as diferencia, basicamente, é a ênfase na escolha do problema a ser investigado, que pode partir do professor, pode ser um acordo entre professor e alunos ou, então, os estudantes podem escolher o assunto que pretendem investigar, uma postura que se assemelha à Modelagem exercida profissionalmente.

E, nesse cenário de perspectivas diferenciadas, a tal variedade de temas têm sido pesquisados, assim como suportes teóricos de naturezas distintas são utilizados para o embasamento dos estudos.

Para que se tenha uma ideia da diversidade dos temas relacionados com a Modelagem e de suas diferentes perspectivas, apresentamos aos leitores um panorama dos estudos que têm sido realizados na área. Para isso, inicialmente escolhemos a VI Conferência Nacional sobre Modelagem na Educação Matemática (CNMEM), realizada em Londrina, no Estado do Paraná, em 2009, por considerarmos um evento que retrata tal produção.

Pesquisas que vinculam a Modelagem às TICs, à formação de professores, seja inicial seja continuada, às questões relacionadas ao ensino e à aprendizagem da Matemática, em diferentes níveis e modalidades de ensino, como a Educação de Jovens e Adultos, por exemplo, foram e/ou estão sendo realizadas no Brasil. Também estão sendo feitos estudos que buscam apresentar mapeamentos, a partir de levantamentos da produção na área, que têm como foco as aplicações matemáticas (Beltrão; Igliori, 2009) ou das ações pedagógicas de Modelagem desenvolvidas nos cursos de formação no Brasil (Vieira *et al.*, 2009).

As práticas dos estudantes, ao trabalhar com a Modelagem, também são temas de estudos, com base na análise do discurso, ou, então, como eles abordam matematicamente uma situação-problema, do dia a dia ou de outras áreas da ciência, quando buscam construir modelos matemáticos em atividades de Modelagem (Souza; Barbosa, 2009).

Ainda, a aproximação entre a Modelagem e as Investigações matemáticas foi investigada por Kluber e Pereira (2009), e a Semiótica está presente em vários estudos sobre a Modelagem, com focos distintos. Também encontramos trabalhos que relacionam a Modelagem com Educação Ambiental, Saúde, Artes, Estatística e Epistemologia.

Em Araújo (2010) também encontramos um panorama atual das pesquisas acerca da Modelagem no cenário nacional. Nesse texto, a autora apresenta uma síntese e análise das pesquisas nacionais, com base prioritariamente nos trabalhos de Fiorentini (1996), Barbosa (2007), Biembengut *et al.* (2007) e Silveira (2007), considerando os objetivos propostos pelos respectivos autores por ela analisados, para, então, caracterizar e compreender os interesses que movem as investigações nesse contexto. Ela conclui que, embora o rigor nas pesquisas tenha aumentado, ainda há estudos "repetidos" e que, para evitar que isso aconteça, é necessária a realização de uma cuidadosa revisão de literatura. E, se a pesquisa proposta aborda uma lacuna existente, considerando também a sala de aula, é preciso que se tente entender o porquê de tal fato e ter em vista ações para diminuí-la. Nesse sentido, Araújo aponta que uma alternativa para tal fato seria a realização de estudos no contexto do paradigma crítico, no sentido da participação dos professores, e, em nosso ponto de vista, de futuros professores também, com vistas a mudanças efetivas na sala de aula. Complementa que possivelmente as incertezas e as dúvidas dos professores com relação à Modelagem poderiam se tornar temas de reflexão e colaboração em trabalhos e pesquisas desenvolvidos por professores e pesquisadores.

No cenário internacional, Kaiser *et al.* (2011) organizaram um livro que apresenta tendências no ensino e no aprendizado da Modelagem, considerando diferentes contextos, com base nos trabalhos apresentados no 14° Congresso[13] organizado pelo ICTMA.[14] Nessa obra, encontramos trabalhos que abordam experiências com a Modelagem na Educação Básica, Superior e, especificamente, no contexto da formação de professores de Matemática, discussões sobre as TICs enquanto possibilidade para o trabalho com a Modelagem, além de capítulos que tratam de questões relacionadas às competências da Modelagem, que pode ser entendida como a habilidade de, através de um processo de Modelagem, resolver um problema ou entender uma situação dentro de determinado domínio (Blomhøj, 2011), relacionados ao seu ensino, sua aprendizagem e a sua avaliação. Ainda, em tal obra encontramos exemplos concretos de trabalhos realizados com a Modelagem, assim como reflexões teóricas e curriculares sobre ela. Este livro é uma síntese da dimensão internacional da prática e teoria da Modelagem em diversos países.

Percebemos, no trabalho organizado por Kaiser *et al.* (2011), que muitos dos temas que estão sendo investigados no cenário internacional, também o são no Brasil, e que muito do que vem acontecendo em outras partes do mundo também identificamos aqui. Por exemplo, Lingefjärd (2011) afirma que as atividades em Modelagem assumem formas muito diferentes em todo o mundo, com base em paradigmas e quadros teóricos distintos, evidenciando possibilidades diferentes para investigar e analisar aspectos relacionados ao ensino ou aprendizagem envolvendo Modelagem. Sobre os trabalhos acerca da formação de professores e a Modelagem, Brown (2011) destaca que

[13] Evento realizado em Hamburgo, Alemanha, em julho de 2009.

[14] The International Community of Teachers of Mathematical Modelling and Applications. Disponível em: <http://www.ictma.net/>. Acesso em: 23 jul. 2011.

há um grande número de interpretações para a ideia de Modelagem, assim como para a formação de professores, seja ela inicial, seja ela continuada, nos estudos que abordam tal temática. Para ele, isso deve as diferenças dos cursos de formação de professores de Matemática, que têm especificidades em cada país. Afirma também que a Modelagem, tanto no contexto educacional quanto no de formação de professores, é complexa, e que por isso esse tema continua sendo de interesse para a comunidade acadêmica da área.

Ainda, Carreira (2011) destaca que o papel do conhecimento matemático também tem sido foco das pesquisas em torno da Modelagem, assim como a natureza desse conhecimento e a experiência na elaboração de modelos matemáticos. Também afirma que, do ponto de vista epistemológico, os estudos abordam a natureza humana na Modelagem, assim como questões vistas nela como essenciais, como a interação entre o mundo real e a Matemática escolar, por exemplo.

Sobre as reflexões teóricas e curriculares acerca da Modelagem no cenário internacional, Vos (2011) apresenta uma visão global dos estudos na área e enfatiza que desde a virada do milênio é possível encontrar relatos da Modelagem sendo inserida nos currículos. São experiências de implementação da Modelagem no contexto educacional, sob a perspectiva dos professores e também de especialistas em currículo. Também existem estudos sobre como utilizar a Modelagem com base em livros didáticos, visto que eles são considerados como a personificação das intenções curriculares em sala de aula, assim como estudos acerca das relações existentes entre Modelagem e realidade.

Entretanto, podemos considerar que a Modelagem, nessa ampla gama de estudos, possui um objetivo comum: estudar, resolver e compreender um problema da realidade, ou de outra(s) área(s) do conhecimento utilizando para isso a Matemática e, obviamente, outras disciplinas e ideias.

Além disso, a Modelagem é vista por muitos como uma estratégia pedagógica motivadora, capaz de despertar o interesse do aluno pela Matemática, relacionando-a com fatos do seu cotidiano ou, de modo mais incisivo, com as necessidades cotidianas de suas comunidades.

A Modelagem também pode criar possibilidades interdisciplinares na sala de aula, fato considerado muito importante (ou, até essencial) entre as questões de ensino e aprendizagem, mostrando que, no caso, a Matemática não é uma ciência isolada das outras.

Entretanto, neste livro não vamos assumir uma única concepção de Modelagem, uma vez que acreditamos que isso depende do contexto de cada situação. Para nós, a Modelagem pode assumir a ideia de método de ensino, como também de algo que vai além, assim como propõe Caldeira (2009). Nesse sentido, não julgamos ou categorizamos as visões existentes na literatura, e sim propomos uma Modelagem que esteja a serviço da aprendizagem da Matemática.

Modelagem e Etnomatemática

Entre a grande gama de perspectivas e pesquisas existentes acerca da Modelagem, existem aquelas que investigam sua aproximação ou seu distanciamento com a Etnomatemática. Para se discutir tal questão (Scandiuzzi, 2002; Orey; Rosa, 2003), faz-se necessário, primeiro, identificar as concepções em que se sustentam essas duas tendências. Quais os sentidos que lhes são atribuídos pelos usos que fazemos delas? O que é Etnomatemática? E o que é Modelagem? São perguntas sem respostas definidas, as quais dependem de como as entendemos, em seus vários significados. Não vamos aqui entrar nessa seara de discussão, mas nos posicionamos de que há sim uma aproximação, desde que a Modelagem possa ser compreendida em suas relações com a cultura.

Isso implica, em termos educacionais, não tratar a Modelagem apenas como um método de ensino e aprendizagem, no sentido de atribuir significado ao currículo oficial, ligada ao *como*, em vez disso tratar a Modelagem como uma concepção que possibilita educar matematicamente, de modo que seja possível incorporar nas práticas dos professores e professoras, além do aspecto metodológico, também possíveis proposições matemáticas,[15] produzidas por meio dos vínculos

[15] Denominamos de "proposições matemáticas" toda e qualquer manifestação que tenha caráter numérico, analítico, algébrico, geométrico ou de tratamento da informação.

sociais.[16] Assim, justifica-se a aproximação da Etnomatemática com a Modelagem, como um dos possíveis caminhos de uma nova forma de estabelecer, nos espaços escolares, a inserção da maneira de pensar as relações dos conhecimentos matemáticos e a sociedade mais participativa e democrática.

Assim, pensar essa aproximação como uma perspectiva de educar matematicamente é nos deslocarmos do determinismo e das verdades imutáveis para uma racionalidade que dê conta dos pressupostos do pensamento sistêmico e da complexidade (Morin, 1995). E isso, de maneira geral, muda a questão educacional, principalmente, quando se pretende buscar elos entre *a* cultura da Matemática escolar e seus vínculos com a sociedade (Miguel, 2005). Nesse sentido, acreditamos ser necessário discutir os fundamentos epistemológicos que sustentam tais concepções, e, a partir daí, fazer as nossas escolhas.

Se conseguirmos identificar de que maneira podemos conhecer as matemáticas dos diferentes grupos sociais, não institucionalizados, como a dos guaranis (Silva, 2011), por exemplo, quando acreditamos que elas podem ser um conhecimento que vive entre nós, na sociedade, teremos dado um grande passo para romper o determinismo e a imutabilidade, tão presentes na Matemática escolar.

Uma primeira aproximação consiste em posicionar a Matemática numa dimensão humana. Isso nos remete a algumas questões, entre as quais, que existem matemáticas e que elas não foram descobertas, mas que são construídas ou inventadas por meio de padrões e convenções (Wittgenstein, 1999). Ainda, é importante que um currículo não apenas leve em consideração a "universalidade" da Matemática, mas que possa também considerar aspectos daquelas construídas nas interações sociais, e que os valores humanos estejam intimamente relacionados com a concepção da Matemática como construção ou invenção, em que se faz presente o diferente.

Assim, para tentar mostrar uma aproximação entre a Modelagem e a Etnomatemática, discutiremos nessa seção que as matemáticas devem estar intimamente relacionadas com a cultura.

---

[16] "A noção de vínculo social remete ao conjunto de relações que estabelecemos com pessoas com quem compartilhamos um espaço de vida: conversas, interesses comuns, ações coletivas, respeito mútuo, etc." (CHARLOT, 2008, p. 28).

Por ser a cultura um produto derivado do compartilhamento social e presente em qualquer ser humano, é absurda a ideia de que alguém não a tenha ou que tenha pouca cultura. Tal concepção, ideologicamente discriminatória, interpreta a cultura apenas no seu aspecto intelectual, sem, contudo, levar em consideração a multiplicidade da produção humana coletivamente elaborada (Geertz, 1978; Gusmão, 2000; Bandeira, 1995).

Somos igualmente um produto cultural embebidos de crenças, valores, regras, objetos, sentidos, conhecimentos e tudo aquilo que se caracteriza como inerente à espécie humana, historicamente determinado, de acordo com as condições da época e do local no qual vivemos. Assim, a ação do indivíduo vai se manifestando em matéria-prima para a concretização da própria cultura, gerando dessa maneira, os produtos culturais que classificaremos aqui, como fazem alguns filósofos, em duas classes: as ideias e as coisas.

Partindo da necessidade de sobrevivência e da transcendência (D'Ambrosio, 1996), a nossa realidade está impregnada de coisas que são decorrentes de ideias e também de muitas ideias que são decorrentes das coisas. Assim, tais elementos coexistem mutuamente, numa interdependência. Com isso, percebemos aí uma idealidade e uma materialidade que convivem e que não podem ser separadas para a construção da cultura.

Tais produtos culturais não são apenas produzidos; eles devem ser também consumidos e reproduzidos, e um dos que podem ser considerados como imprescindíveis para a nossa existência é o conhecimento matemático (Monteiro; Pompeu Júnior 2001; Schliemann *et al.*, 2003; Ferreira, 2002; D'Ambrosio, 2001; Knijnik *et al.*, 2004; Ferreira, 1997), dado que ele, por se constituir de entendimento, averiguação e interpretação quantitativa, se apresenta como um dos instrumentos que nos subsidia como ferramenta para intervir na sociedade. Em muitos casos, somente quantificando, temos condições de poder avaliar qualitativamente.

Juntamente com o conhecimento matemático está a Educação, não somente escolar, mas de maneira geral, como veículo que transporta esse conhecimento matemático para ser interpretado, entendido, compreendido, produzido e reproduzido. Assim, educar pela cultura da Matemática escolar nos leva a refletir sobre qual entendimento do conhecimento matemático temos tido nas nossas escolas. Isso, de certo modo, remete-nos a uma discussão epistemológica e pedagógica, ancorada na diferença, por exemplo, da Matemática vista como "pronta e acabada" e outra forma de entendimento denominada aqui de "em construção".

Essas duas visões, epistemologicamente contraditórias, mostram-nos que, enquanto a primeira vê a Matemática como a-histórica e não tendo ligação alguma com a sociedade e a cultura, portanto desvinculada da linguagem, a segunda, ao contrário, a concebe como dependente da cultura, histórica, socialmente construída e incorporada à linguagem. Discutir essas questões nos leva, sinteticamente, como nos mostra Cortella (2001), a pelo menos três implicações: a democratização do saber matemático; uma formação crítica de cidadania e uma solidariedade de classe social.

Tais implicações devem permitir que os estudantes possam ter acesso ao etnoconhecimento matemático dominante (D'Ambrosio, 1986) e também aos não dominantes – e a Modelagem, enquanto concepção de educar matematicamente, também fortalece tal entendimento e tem papel fundamental nesse processo, porque é por meio dela que temos a oportunidade de levar os alunos a problematizar suas práticas com situações do cotidiano – e possam dele se apropriar, intermediado pela ação do professor nas suas práticas, "sem, contudo, aceitar passivamente o caráter impositivo ou restrito a uma única forma de ver a Matemática" e, principalmente, que tais conhecimentos matemáticos relacionados com a vivência desses estudantes evitem o pragmatismo daqueles que estejam frequentando os bancos escolares para, apenas, aprender a trabalhar.

Portanto, essas implicações não caracterizam uma educação matemática na qual o estudante simplesmente aprenda o que ele utilizará na semana seguinte, no seu cotidiano, mas aquela que selecione e apresente os conteúdos matemáticos *necessários* para uma compreensão da própria realidade e o fortalecimento dos vínculos sociais. Casos e mais casos já foram pesquisados sobre essa questão; basta olharmos para as várias publicações apresentadas, por exemplo, nos congressos específicos de Etnomatemática.

Essa forma de entendimento sobre o conhecimento matemático exige uma reorientação curricular que proporcione não somente o "levar em conta a realidade do aluno" (Cortella, 2001, p. 16) – e isso é a base fundamental quando se trata de Modelagem –, mas também que se dê oportunidade para que o estudante possa participar desse processo, tanto subsidiando práticas sociais, e com isso justificar a existência de *uma* Matemática, como pela forma de interpretar os possíveis significados que a Matemática possa ter, dependendo dos sentidos que a eles são atribuídos, decorrentes dos seus vínculos sociais (Orlandi, 2007).

Levar em conta a realidade dos estudantes – como defendem algumas perspectivas da Modelagem – não significa ter que aceitá-la, e aqui o ponto forte dessa concepção – a crítica social, mas *partir* do seu universo para que ele consiga compreendê-lo e modificá-lo (Pires, 2000b). A questão que se coloca é, considerando os pressupostos dessa forma de pensar a aproximação da Modelagem com a Etnomatemática, não se trata apenas de aprender, na escola, as regras e convenções estabelecidas pela Matemática "universal" e usá-la para conhecer sua realidade, compreendê-la e modificá-la, mas que a escola permita ao estudante perceber que pode existir "além daquela que ele já conheceu na escola (ou que irá conhecê-la) e usa nas suas práticas sociais", outra, com outros significados, que possa também ser validada, usada no seu dia a dia e comparada com aquela dita universal.

Em Borba (1987) encontramos exemplos de como as matemáticas podem ser trabalhadas no contexto de uma comunidade, no caso, uma favela de uma cidade do interior do Estado de São Paulo, que possuía um espaço denominado "Núcleo-Escola", cujo objetivo era "tirar 'a criançada da rua'" (Borba, 1987, p. 45). Após um trabalho de imersão na favela, o autor e as crianças moradoras do local realizaram uma discussão e elegeram temas de interesse daquela comunidade para serem investigados, como, por exemplo, o cultivo de uma horta, que tinha como objetivo comprar bola e uniforme para o time de futebol do Núcleo.

Nesse tema, Borba trabalhou, com base nos interesses e necessidades das crianças, conceitos matemáticos que se mostravam importantes para ele, partindo de seus questionamentos e conhecimentos prévios. Nesse sentido, conceitos com escala, proporção, perspectiva, ângulos, entre outros, foram debatidos entre os envolvidos com o intuito de elaborar uma planta para a horta. Ainda, questões sobre plantio e colheita, fluxo de caixa, etc. também fizeram parte do contexto do trabalho.

Outro exemplo apresentado por Santos (2006) nos mostra um trabalho nos assentamentos Santana dos Frades e Santaninha, localizados na região Nordeste do Estado de Sergipe, em que os trabalhadores utilizam práticas sociais nas quais está presente um conjunto de unidades de medida que se diferem das utilizadas no sistema métrico oficial. Para a construção de cada unidade de medida, os camponeses utilizam o corpo ou parte deste como referência. A prática social de medir terra é uma das mais utilizadas na cultura desses trabalhadores. Nela, eles utilizam a vara como unidade de medida, que equivale a 2,20 m; a tarefa, que equivale a 25 varas quadradas, e o celamim[17] para medir os produtos agrícolas colhidos. Essa medida é uma caixa quadrada de madeira que, geralmente, tem 9 cm de largura e 8 cm de altura. Qualquer trabalho de Modelagem, nessa perspectiva, quando for realizado em tal comunidade, necessariamente, terá de passar por elementos matemáticos que não somente aqueles da Matemática universal.

Considerando esses exemplos, percebemos relação estreita entre a Matemática praticada pela comunidade, repleta de influências socioculturais, a qual podemos chamar de uma Etnomatemática, e a Modelagem de uma situação. Aqui, há uma sinergia entre a Etnomatemática e a Modelagem, considerando a segunda como uma maneira de educar matematicamente.

Nesse sentido, D'Ambrosio (2001, p. 81) afirma que

> o domínio de duas etnomatemáticas e, possivelmente, de outras, oferece maiores possibilidades de explicações, de entendimento, de manejo de situações novas, de resolução de problemas. [...] O acesso de um maior numero de instrumentos materiais e intelectuais dão, quando devidamente contextualizados, maior capacidade de enfrentar situações e de resolver problemas novos, de modelar adequadamente uma situação real para, com esses instrumentos, chegar a uma possível solução ou curso de ação.

[17] Medida de capacidade equivalente à décima sexta parte de um alqueire.

Nossos estudantes, inclusive as crianças, já trazem consigo "um" conhecimento matemático da sua realidade vivida; o que temos como missão, na escola, é mostrar que existe "outro". Assim, não se trata de "derrubar os obstáculos já sedimentados pela vida cotidiana" (Bachelard, 1996, p. 23), no sentido de colocar outro no lugar, mas de mostrar as multiplicidades de regras e convenções que estão estabelecidas pelas relações culturais cujos sentidos e significados serão adquiridos nos usos que se fazem de tais regras numa determinada forma de vida.

A Etnomatemática adotada pela cultura escolar e as Etnomatemáticas locais e regionais, levadas pelos pressupostos da Modelagem, incorporando proposições matemáticas advindas das interações sociais, deverão fazer com que o estudante perceba a necessidade do enfrentamento da sua realidade, lutar contra ela se necessário for; romper com determinadas amarras e com as adaptações a que comumente estão acostumados a lidar. Esse enfrentamento vai se dar, não somente pela nova racionalidade, mas também e, principalmente, pela sua participação ativa em sala de aula. Problematizar, elaborar as próprias perguntas, desenvolver por meio da pesquisa, refletir e tirar as próprias conclusões – pressupostos dessa perspectiva de Modelagem.

No entanto, para que aconteça a dinâmica entre a Etnomatemática escolhida na cultura escolar e as adotadas na não escolar, entre os indivíduos e suas ações, modificando a realidade de uma maneira democrática e crítica (Skovsmose, 2001), precisamos também de outras formas de conhecimento. E, nesse sentido, é imprescindível que um dos produtos ideais da cultura – os *valores* – não fique fora do processo (D'Ambrosio, 1997; Weil *et al.*, 1993; Araújo; Aquino, 2001). Por meio deles, fundamentamos nossa forma de ver e de pensar o mundo, estruturando as coisas e os acontecimentos numa hierarquia de modo a estabelecer uma ordem em que dá sentido à vida. E isso a Modelagem, em todas as suas variantes, faz com maestria porque revela, dá voz, pensa junto.

Cortella (2001) nos mostra que os valores dão forma ao nosso entendimento de mundo e definem nossas posturas em determinadas situações históricas dentro de um padrão de comportamento e de ações, de modo a direcionar nossos atos e pensamentos. Esse direcionamento vai nos orientar para uma visão de mundo, além dos nossos conhecimentos e conceitos. Conceitos esses que nos guiam para as nossas ações e também para os conceitos prévios, os nossos preconceitos.

Entretanto, valores, conhecimentos, conceitos e preconceitos mudam e, considerando que a vida é processo, ser humano, então, é ser capaz de ser *diferente*. Assim, educar pela Matemática, na perspectiva da Cultura, fazendo uso dos pressupostos da Modelagem como uma concepção de educar matematicamente, requer dos professores e dos estudantes a sensibilidade de perceber o diferente. E tal fato, na Modelagem, em estreita relação com a Etnomatemática, é a capacidade de dar voz a todos, compartilhando saberes e entender que, nessa concepção, não se trata de "erros" (Cortella, 2001; Cury, 1995; Pinto, 2000), mas da multiplicidade de significados que possa existir nas mais variadas "formas de vida" (Wittgenstein, 1999).

Mas os etnoconhecimentos matemáticos, tanto aqueles adotados pela cultura escolar quanto aqueles convencionados e padronizados pelas diferentes culturas, e os valores associados a eles, não possuem autonomia própria, dependem de que alguém os produza e reproduza sob o ponto de vista de cada cultura; portanto, são históricos e sociais, atribuídos a eles, em cada cultura, um significado simbólico. E como todo símbolo está constituído de relatividade (Chauí, 1999), ou seja, só ganha sentido em relação a determinado grupo social, em determinado tempo histórico e em determinado lugar, faz-se necessária uma atenção extremada por parte dos professores e da escola, à compreensão da visão de *alteridade* (Lins, 1999; Sidekum, 2003).

Nesse sentido, tentar enxergar o "outro" ou o "novo" etnoconhecimento matemático não deve implicar aceitá-lo passivamente, mas fazer com que tais conhecimentos possam conduzir o estudante a um lugar diferente de onde ele está.

Desta maneira, entendemos que, na perspectiva de ver a Modelagem apenas como um método para cumprir um currículo homogêneo e padronizado, a Etnomatemática e a Modelagem são como "água e óleo" (Scandiuzzi, 2002), enquanto a Etnomatemática procura "entender o saber/fazer matemático ao longo da história da humanidade, contextualizado em diferentes grupos de interesse, comunidades povos e nações" (D'Ambrosio, 2001,

p. 17), a Modelagem, vista sob a perspectiva de método para justificar determinado currículo já preestabelecido dificilmente se misturaria ao saber/fazer contextualizado em diferentes grupos de interesse. No entanto, um enfoque mais ampliado como uma concepção de educar matematicamente procura levar para os espaços escolares também esse saber/fazer, diferentemente das Etnomatemáticas escolares, no sentido de produzir um novo papel para o professor, ou seja, de que não basta transmitir aquilo que já está previamente estabelecido enquanto norma culta, mas fazer com que os alunos possam, a partir de diferentes olhares, comparar aquilo que é próprio da sua comunidade, da sua cultura e com a sua história aquilo que foi estabelecido pelos pesquisadores da educação como o que deve ser aprendido.

Assim, preferimos pensar que podemos juntar essas duas tendências e justificar essa união por uma nova forma de entendimento da Modelagem, a qual estamos denominando de uma nova concepção de educar matematicamente nossos alunos.

Modelagem e Educação Ambiental

Algumas vivências cotidianas se mostram decorrentes de situações e fenômenos ambientais como o ocorrido recentemente, na ocasião da construção deste livro, no Japão[18], e isso nos leva a refletir também sobre a importância de se pensar uma Educação Matemática que possa ser incorporada às dimensões ambientais.

A Educação Ambiental se inicia com o reconhecimento de que o quotidiano e as relações com o meio estão sempre presentes na sala de aula e na escola. Não só, evidentemente, mas também. Nem o professor nem o aluno deixam de lado seu dia a dia, seus problemas, seus saberes, suas preocupações e medos ao entrar na aula de Matemática. Reconhecer que somos assim é um passo inicial. Do ponto de vista etnomatemático, a Educação Ambiental se inicia com o reconhecer que, nas relações sociedade-aluno, escola-aluno, professor-aluno se fazem presentes os poderes políticos de uns e

[18] Ver nota 7.

de outros, as suas competências, suas paixões e compromissos, sua sobrevivência.

Mais de uma vez recorremos à palavra "reconhecer". Conhecer de novo, a recognição, o saber de novo (podemos escrever o resaber?) não é necessariamente algo que nos deixe desconfiados, o que é tristemente comum quando a cada ano voltamos aos dados de impacto ambiental, aos dados econômicos de nossas sociedades ibero-americanas, à distribuição de renda. Esse reconhecer implica uma ampliação do quadro, tanto "para fora" quanto "para dentro". "Para fora", descreve o ato de usar o que já conhecemos para incluir mais dados – com valor. Conforme já mencionamos, quando não sabemos o que fazer em determinada situação, sejamos alunos ou professores de Matemática, podemos começar medindo e fazendo contas. Ora, essas contas não são em geral operações novas, são conhecidas, mas a quantificação de diferentes aspectos do objeto estudado pode nos levar a uma compreensão melhor – quando não muito melhor! – do que estamos estudando – e tentando compreender. Por outro lado, "para dentro" indica que essa quantificação em geral modifica o valor dado ao problema estudado, à sua importância ou às suas consequências. Skovsmose (2001), ao definir três aspectos fundamentais em Educação Matemática, identificou entre eles o que chamou de "conteúdo crítico" – neste caso, o julgamento de valor que fazemos com os resultados das operações de quantificação de fenômenos ambientais. E sua importância e suas consequências.

De fato, como professores, sempre soubemos que alunos trazem consigo para a escola, para a sala de aula, para as atividades de aprendizagem de Matemática toda a sua bagagem multicultural, histórica, familiar. Isto é, sempre soubemos que o ato de ensinar não tem como sujeito único o "professor-que-ensina"; pelo contrário, o ato de aprender é que tem os muitos "sujeitos-que-aprendem". Isso nós já sabíamos de nosso tempo de alunos (é claro que alguns professores podem achar que não se lembram, mas dificilmente não guardamos com carinho a memória de alguns desses nossos momentos de redescoberta...). É verdade que os alunos também têm consciência dos problemas imediatos de qualidade de vida no bairro, na cidade, na região. Algumas vezes esses alunos não creem que seus saberes e a consciência de suas dificuldades sejam relevantes para processos de aprender Matemática, mas em geral os alunos "sabem que sabem". Em sua tese de doutorado, Caldeira (1998) descreve uma experiência em que os alunos, colocados diante do desafio de identificar, enunciar, categorizar e escolher o problema de qualidade de vida de sua região, nunca deixaram de escolher aquela situação reconhecida por autoridades locais como o problema do lugar.

Reconhecer a Educação Ambiental em um ambiente de Educação Matemática é, então, aceitar que sentimento e consciência étnicos são parte fundamental da aprendizagem de conceitos matemáticos, abstratos ou práticos, teóricos ou concretos, úteis de imediato ou em longo prazo. São, portanto, parte fundamental a ser considerada em seu ensino. O outro lado da mesma moeda consiste em reconhecer que a Educação Ambiental não aceita ser só de Matemática, Biologia, História ou Estudos Sociais: por excelência, é alheia às divisões que temos feito de disciplinas, matérias, anos (sobre tal fato, D'Ambrosio certa vez mencionou a "antidisciplinaridade", algo que descreve bem o contexto em que ocorre a Educação Ambiental).

Afirmamos acima que, como professores, "já sabemos" que, embora textos e práticas de Matemática descartem a vida, a cultura, a história dos alunos, tudo isso é parte do ambiente escolar, da aula de Matemática, do processo de aprendizagem desenvolvido. E os alunos "já sabem" quais os principais problemas ambientais de suas comunidades. Tanto saber exclui a aprendizagem? Não, é preciso ir além. Faz-se necessário quantificar diferentes aspectos dos problemas de qualidade de vida, locais, regionais, nacionais, mundiais. É necessário construir e desenvolver ferramental matemático para permitir a avaliação dos fenômenos. Um exemplo seria o cálculo de quantos alunos há, na escola, por vaso sanitário, ou quantos metros quadrados de espaço de recreação cabem a cada aluno da escola. Quantificar essas situações permite avaliar (dar valor) aos seus aspectos. Desse modo se pode também "dar valor" a muitos outros aspectos do ambiente escolar, seja no aspecto físico (altura dos degraus, espaço de ventilação, iluminação, carteiras em bom estado *versus* carteiras quebradas), seja nos aspectos sociais, históricos, políticos, entre outros. Do ponto de vista do "aprender para a vida", quantificar tais fenômenos é ir em direção a se transformar dados em informações.

Há aqui um problema grave para professores que, como o primeiro autor deste livro, têm formação em Matemática: até bem tarde, nossos textos, nossas aulas, nossa prática nos ensinaram que os problemas matemáticos têm uma resposta única, verdadeira, exata e absoluta (no sentido de sua atemporalidade). E, de acordo com a maior parte dos livros didáticos, se o número da questão proposta fosse par, sua reposta estaria no final do livro, pronta para ser conferida. Por outro lado, trabalhando profissionalmente com Ecologia Matemática,[19] na área de Impacto Ambiental, o primeiro autor deste livro redescobre o que todos os nossos alunos constatam ao pisar fora da escola: os verdadeiros problemas na sociedade vêm, muitas vezes, sem a pergunta! Que dirá as respostas. Sim, porque esse tempo da Matemática imaculada, perfeita e verdadeira, universal e exata foi-se há muito. Ferramentas diferentes ou de diferentes conveniências levam a resultados distintos, quase sempre aproximados, com prazo de validade e exigindo para seu uso criteriosa avaliação.

No parágrafo anterior, não se identifica essa aprendizagem, essa pedagogia de tentativa-e-erro, do experimental, do aprendizado a partir de "becos sem saída", e da aproximação crítica e consciente das soluções obtidas, e da avaliação desses resultados tanto no universo matemático quanto em sua aplicação. Mas isso de fato corresponde à Modelagem. Com ela incorporamos, na prática de sala de aula, o saber do aluno. Incluímos a necessidade de conceitos matemáticos abstratos e seu uso criterioso. Chegamos à avaliação de aproximações de soluções como úteis (ou não!) nos problemas anteriormente definidos. Aqui temos a aprendizagem de Matemática com trabalhos de campo a partir dos quais a Matemática entra em função de sua real relevância prática (ao contrário dos conceitos

[19] Um ramo da Biologia que usa a Matemática para compreender fenômenos ecológicos.

"congelados" a que se refere Paulus Gerdes (1986; 2010), e que Mary Harris (1991; 1997) "descongelou", relativamente aos quais primeiro se vai atrás do conceito matemático para só depois sair à caça de alguma aplicação em geral mais teórica do que qualquer outra coisa), junto com outros assuntos e temas, cada um tem sua real relevância também. Embora isso possa ser enunciado de modo a parecer o óbvio, está bem distante dos usos da Matemática tradicional, em que primeiro se aprende a Matemática, para depois – e só então – poder aplicá-la!

No entanto, o trabalho de campo consiste em um dos primeiros passos, mas não encerra, nem contém, Educação Ambiental e Matemática. Integra essa pedagogia os trabalhos em salas de aula, em que, além dos conceitos matemáticos e de outros assuntos a ser aprendidos e manejados, há a postura crítica com relação aos aspectos sociais, históricos, culturais dos temas buscados e escolhidos. Tal análise exige, por certo, o conhecimento de Matemática e, muitas vezes, cobra a aprendizagem de novos conceitos, necessários para avaliar aspectos quantitativos ou qualitativos do que se estuda, mas vai muito além, em sua transdisciplinaridade.

As dificuldades não devem nos desanimar *a priori*. Seria bom se todas as dificuldades aqui mencionadas ou subentendidas agissem mais como agente motivador, ou até catalisador, visto que, uma vez disparado o processo, ele ganha dinâmica própria. E aqui voltamos a citar Skovsmose (2001), resultado do que ele denomina de "compromisso crítico", o engajamento com o tema, o tema dos alunos e sua comunidade, etc. De onde poderiam advir essas dificuldades? Das escolhas feitas pelos alunos, quando, em função de seus quotidianos, de suas famílias, de suas histórias, selecionam um tema, um objeto de análise, uma situação de qualidade de vida. Nem sempre a Matemática é a primeira ferramenta para a avaliação, embora seja, de início, uma das mais poderosas. Também acontece que esses temas escolhidos deste modo são geralmente temas locais, problemas comunitários, questões de manifestação municipal. Cabe aos professores (e aqui não se trata apenas de professores de Matemática, evidentemente) dirigir o estudo de modo a incluir, a partir das manifestações locais dos problemas, seus aspectos regionais, estaduais e seus aspectos globais. Assim, o problema da queima de lixo pode levar, num cuidadoso caminho e numa criteriosa discussão, às consequências globais do efeito estufa, bem como a canalização dos córregos nas aglomerações urbanas pode levar a frutífero debate sobre as bacias hidrográficas, o uso da água e o cuidado com seu tratamento. Nesses dois exemplos, ilustram-se o poder da Matemática na avaliação quantitativa de impactos, no cálculo de custos, de volumes, de desperdício. Analogamente, a Matemática se presta a avaliações qualitativas, ainda que objetivamente expressas, da irresponsabilidade de certos setores públicos, ou da sua ação consciente. Não se afirma aqui que problemas globais não possam ser apresentados *per se*, como o caso de Chernobyl, ou o aumento do buraco na camada de ozônio. Pelo contrário, nesse caso os professores podem trazer os efeitos desses fenômenos globais para o dia a dia da escola, da comunidade e, repetimos, nesses casos a Matemática serve como ferramenta básica para medir e fazer contas, ou seja, para avaliar.

O trabalho profissional em Ecologia Matemática apresenta dois aspectos que afetam, evidentemente, as opiniões que expressamos neste texto. De um lado, muitos dos esforços em Matemática Aplicada, nos quais interlocutores exigem ou precisam de algum tipo de resposta, ou a indicação de algum caminho de ação. Por outro lado, aplicações em Biomatemática como um todo podem se revestir de um caráter de urgência, e muitas vezes o interlocutor não pode esperar os quatro anos necessários para o desenvolvimento de uma dissertação de doutorado, nem os dois anos do mestrado e, muitas vezes, sequer os doze meses da iniciação científica. Essa urgência e aquela exigência criam uma tensão que pode também surgir em trabalhos de Educação Ambiental: a partir de determinado problema de impacto, de uma situação analisada, de um fenômeno quantificado, os alunos vão querer saber o que pode ou o que deve ser feito de imediato. Não é incomum que haja uma tentação para limitar o espaço de aprendizagens matemáticas em função da amplitude do que se estuda, remetendo a classe (professor ou professora e alunos) a outros campos de ciência. Isso pode acontecer quando o paradigma da Matemática do professor é aquele da Matemática absoluta, verdadeira, descoberta, exata, objetiva e distante de nossos problemas diários. Nesse caso, aprender Matemática não inclui a política, o ambiente, os contextos sociais e históricos, deixam de lado os cheiros da vida. Mas, do modo que estamos aqui propondo, incluir os fenômenos de qualidade de vida em atividades que levam à aprendizagem matemática, os sentidos, a memória, as concepções, os saberes de alunos e suas comunidades são fundamentais, e as tensões geradas por anseios e angústias não apenas aumentam o interesse e a motivação do grupo aprendiz (incluindo, além dos alunos, o professor de Matemática, os de outras disciplinas, diretor, secretário, funcionários), como também a consciência da relevância de se usar os saberes para a melhoria da vida – e da urgência em fazê-lo agora. O educador suíço Rüppel (2000) escreveu certa vez que a educação prepara-nos para o dia de amanhã. Não deixa de ser verdade. Praticamente todas as grandes decisões que levam a impactos poluidores são tomadas por técnicos, profissionais e políticos que foram à escola ontem. Mas trabalhar com Educação Matemática e Ambiental confere à aprendizagem e ao ensino a urgência do dia de hoje, da educação para o presente.

A título de exemplo, destacamos o estudo de Caldeira (1998), que trabalhou com professores da escola municipal de uma grande metrópole no interior do Estado de São Paulo. Um dos grupos de professores decidiu trabalhar com uma escola que se localiza às margens de uma grande rodovia de movimento intenso. A primeira atividade foi conhecer um pouco da realidade do bairro e da escola.

O primeiro aspecto identificado foi com relação à sujeira e como consequência, problemas ambientais, como, por exemplo, com relação à água de beber: os alunos no período de recesso e nos fins se semana tomam banho na caixa d'água da escola, causando mal-estar quando se fazia necessário o uso dos bebedouros pelos alunos. Outras situações de precariedade ambiental foram percebidas e relatadas em Caldeira (1998). O segundo tema percebido pelos professores foi com relação à violência: problemas graves de assaltos, principalmente à noite, na passarela que liga os dois bairros cortados pela rodovia.

A passarela foi outro tópico abordado: muitas pessoas não fazem uso dela motivadas pelo medo. Primeiro pelos frequentes assaltos e segundo por um acidente com um caminhão de combustíveis que explodiu ao se chocar com a muralha de concreto da passarela, causando a morte de três pessoas. Sem contar que a localização da passarela, segundo os moradores, fica muito distante da escola e do ponto de ônibus. O quarto ponto foi com relação ao alambrado: muitos moradores reivindicam a existência de um alambrado para evitar os atropelamentos.

O quinto aspecto evidenciado com relação ao trânsito: muito intenso nas imediações da escola. Alguns moradores relataram que há, aproximadamente, cinco acidentes por semana no local. O sexto é a existência do CEASA (Centro de Abastecimento de Campinas) nas proximidades da escola e da rodovia. A presença de um conglomerado de favelas favorece a ida de moradores até esse local para se abastecer de alimentos que não servem para a venda no comércio, ocasionando um grande fluxo de pessoas no local e aumentando os riscos de atropelamentos. Finalmente, os professores perceberam a existência de uma Creche ao lado da rodovia e próximo à escola. Local nada apropriado para o trânsito de crianças.

À vista desse quadro, os professores decidiram trabalhar com o tema da passarela e, valendo-se dos dados, investigaram junto à comunidade e os alunos o que eles gostariam que fosse feito com relação a essa problemática ambiental. Os moradores e os alunos da escola decidiram que fosse construído um *túnel* na rodovia que ligasse os dois bairros na proximidade da escola. Diante disso, foi sugerido e surge o seguinte problema: qual o túnel mais barato; o de forma quadrada ou o de forma cilíndrica? E, para simplificá-lo, determinaram que a área das figuras que representavam os túneis é que garantiria a decisão a ser tomada. Assim sugeriram a seguinte investigação: comparar a área e o volume de um túnel retangular com a de um túnel cilíndrico, visando ao menor custo na sua construção.

A primeira coisa a fazer deveria ser elaborar um pequeno projeto em que os professores tivessem um caminho a ser percorrido, apesar de não ter a certeza de que o caminho traçado seria o melhor. Diante disso, elaboraram o seguinte projeto, conforme Figura 5:

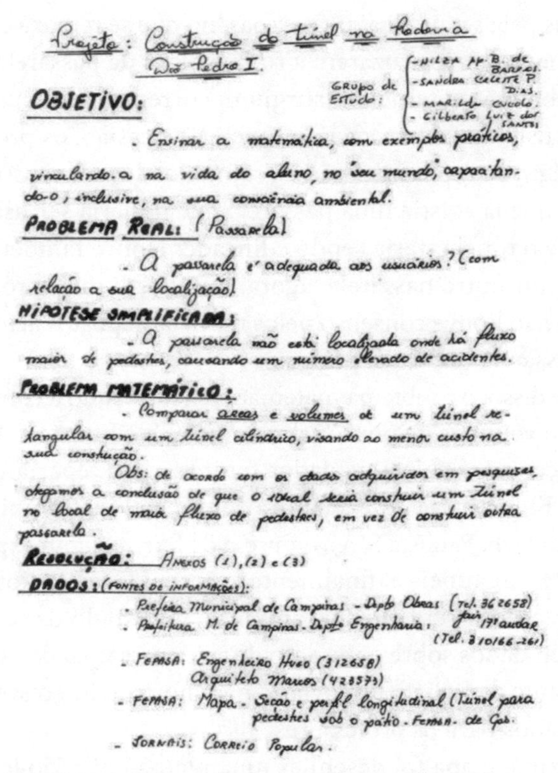

Projeto: Construção do túnel na Rodovia Dom Pedro I.

Grupo de Estudo:
- Nilza Ap. B. de Barros.
- Sandra Celeste P. Dias.
- Marilda Cucolo.
- Gilberto Luiz dos Santos

OBJETIVO:

. Ensinar a matemática, com exemplos práticos, vinculando-a na vida do aluno, no "seu mundo", capacitando-o, inclusive, na sua consciência ambiental.

PROBLEMA REAL: (Passarela)

. A passarela é adequada aos usuários? (com relação a sua localização)

HIPÓTESE SIMPLIFICADA:

. A passarela não está localizada onde há fluxo maior de pedestres, causando um número elevado de acidentes.

PROBLEMA MATEMÁTICO:

. Comparar áreas e volumes de um túnel retangular com um túnel cilíndrico, visando ao menor custo na sua construção.

Obs: de acordo com os dados adquiridos em pesquisas, chegamos a conclusão de que o ideal seria construir um túnel no local de maior fluxo de pedestres, em vez de construir outra passarela.

RESOLUÇÃO: Anexos (1), (2) e (3)

DADOS: (Fontes de informações):

. Prefeitura Municipal de Campinas - Dpto Obras (Tel. 362658)
. Prefeitura M. de Campinas - Dpto Engenharia: Jair 17º andar (Tel. 310166-261)
. Fepasa: Engenheiro Hugo (312658) Arquiteto Marcos (423573)
. Fepasa: Mapa - Secção e perfil longitudinal (Túnel para pedestres sob o pátio - Fepasa - de Gás.
. Jornais: Correio Popular.

Figura 5 – Projeto elaborado pelos professores
Fonte: Caldeira, 1998.

Pelo projeto, podemos perceber que o seu principal objetivo era ensinar Matemática, mas na condição de que tais conteúdos devessem ser sempre por meio de exemplos práticos, vinculando esses conteúdos à vida do aluno, e não perdendo de vista o "seu mundo", ou seja, a ideia sempre presente da contextualização e fazendo que tais conteúdos matemáticos pudessem fazer com que os alunos tivessem consciência ambiental.

O problema real, isto é, aquele em que tais conteúdos deveriam emergir, surgiria da passarela, portanto um elemento muito presente na vida dos alunos e com forte impacto ambiental. A hipótese da causa dos problemas ambientais (mortes por atropelamento) estava no fato de a passarela estar muito distante da escola e na ausência de um alambrado, aliada à pouca atenção dada pela escola e pelos órgãos responsáveis pela segurança das pessoas, no que se refere à educá-las ambientalmente a não cruzarem a rodovia fora da passarela.

O problema matemático surgiu decorrente, principalmente, do menor custo da construção do túnel. Na ocasião, os professores ficaram indignados com a decisão da comunidade pela construção do túnel, visto que já existia uma passarela que poderia ser usada para os fins a que o túnel estaria sendo edificado. Houve também a ideia de se construir outra passarela, agora, num local mais próximo da escola. Mas não houve consenso pelos motivos expostos acima sobre o uso da passarela (assaltos, perigos).

Diante disso, o problema matemático ficou sendo a comparação entre áreas e volumes de um túnel retangular e cilíndrico. As fontes de informação para coleta de dados foram as do Departamento de Obras e de Engenharia da Prefeitura Municipal de Campinas e da FEPASA (Ferrovia Paulista S/A), empresa de ferrovia com experiência na construção de túneis e, finalmente, o Jornal Correio Popular, de maior circulação na cidade de Campinas, no Estado de São Paulo, para obterem dados sobre o número de acidentes no local, visto que o representante da Polícia Rodoviária não mostrou interesse em fornecer tais dados para os professores.

A próxima etapa foi desenhar uma planta baixa do local com dados reais para contribuir com as informações acerca do problema, conforme Figura 6.

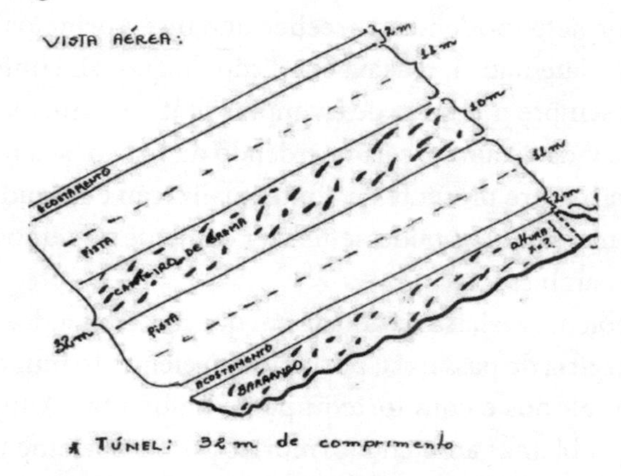

Figura 6 – Planta baixa do local onde seria construído o túnel
Fonte: Caldeira, 1998.

Após essa etapa e de posse dos dados, teve início a tentativa de resolução do problema real. Inicialmente trabalharam com a seguinte questão: qual a altura máxima possível do túnel? E construíram o seguinte esquema (Fig. 7):

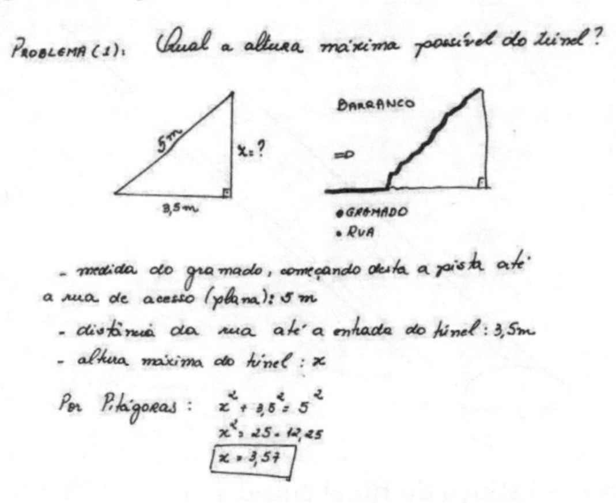

Figura 7– Resolução do problema apresentado sobre a altura do túnel
Fonte: Caldeira, 1998.

Fazendo uso do Teorema de Pitágoras, chegaram à conclusão de que o túnel teria 3,57m de altura. Claro que se tratava de uma medida aproximada. Em seguida, elaboraram uma hipótese, caso o túnel fosse em forma de paralelepípedo; então, elaboraram uma planificação com os seguintes dados numéricos: 4m de largura, 3m de altura e 32m de comprimento, numa escala de 1:100cm e perspectiva de 60 graus. A partir de vários cálculos, o que ocasionou outros cálculos, concluíram que o túnel, nessas condições, teria uma área de 448 cm^2 e um volume de 384 m^3.

Utilizaram o mesmo raciocínio para o túnel cilíndrico. Nesse momento, surgiu uma dúvida bastante frequente para quem trabalha com Modelagem e suas relações com o currículo. Os professores estavam imaginando trabalhar com seus alunos do sétimo ano (antiga sexta série), e a curvatura do túnel na perspectiva deles seria uma elipse. Entretanto, não fazia parte do programa do sétimo ano tal conteúdo. Assim, fizeram aquilo que denominamos de "simplificação das hipóteses do problema". Transformaram aquilo que deveria ser uma elipse numa circunferência e tomaram a "boca" do túnel como se fosse uma semicircunferência. Então, projetaram um desenho na mesma escala e com o mesmo grau de perspectiva do túnel anterior para um túnel "cilíndrico", conforme mostram as Figuras 8 e 9:

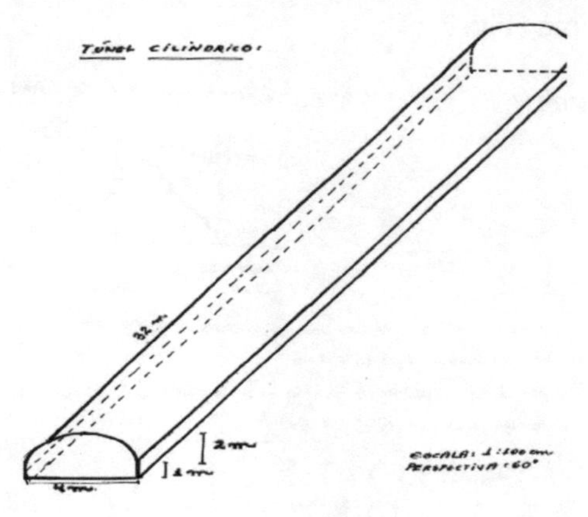

Figura 8 – Esboço do túnel cilíndrico
Fonte: Caldeira, 1998.

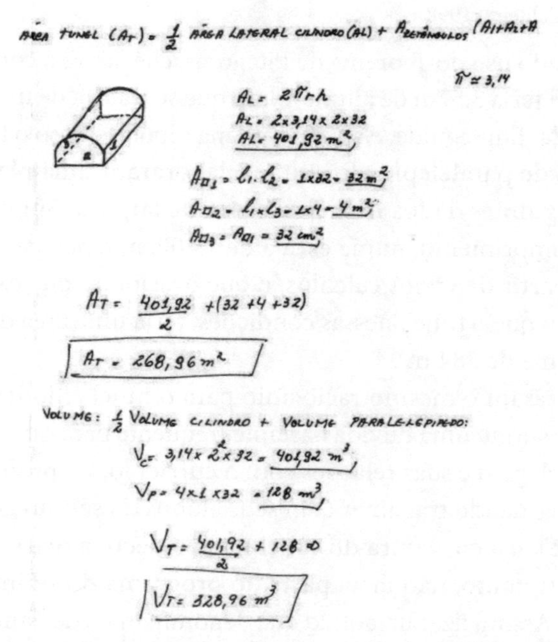

Figura 9 – Cálculos para a área e o volume do túnel cilíndrico
Fonte: Caldeira, 1998.

Nas condições do problema, chegaram às seguintes conclusões: área do túnel cilíndrico igual a 268 m^2 e volume de 328 m^3. No final, fizeram a comparação e chegaram à conclusão de que:

> [...] comparando as áreas, conclui-se que o túnel em forma cilíndrica terá menos custos, pois sua área será bem menor, portanto mais conveniente. Comparando os volumes, conclui-se que, apesar do volume do túnel cilíndrico ser um pouco menor (60 m^3 de diferença), como a passagem não terá um número elevado de pedestres, esta diferença não afeta a capacidade do mesmo (Caldeira, 1998, p. 106).

Ainda, colocam uma nota com as seguintes informações:

> Após o término deste trabalho, foi feito uma comparação com um mapa real, fornecido pela Ferrovia Paulista S. A. (FEPASA), analisado pelo arquiteto, onde verificamos que esse túnel é plenamente possível de ser construído, diminuindo significativamente o número de atropelamentos no local (Caldeira, 1998, p. 106).

O exemplo acima ilustra o quanto a Modelagem e a Educação Ambiental podem andar juntas. Trabalhando com problemas relacionados à qualidade de vida dos alunos, dos professores e da comunidade, foi possível compreender alguns aspectos da Matemática. Os resultados, além de fornecerem subsídios para tomada de decisões, propiciaram discutir questões que envolvessem saneamento básico, segurança, engenharia, trânsito, higiene pessoal, entre outros, favorecendo o que se tem denominado de "educação contextualizada e interdisciplinar".[20]

Modelagem e Educação Matemática Crítica

Entre as diferentes concepções de Modelagem existentes no contexto da Educação Matemática, há aquelas que podem ser

[20] Gostaríamos de agradecer às professoras: Nilza Ap. B. de Barros, Sandra Celeste P. Dias, Marilda Cuculo e ao Professor Gilberto Luiz dos Santos pelas figuras aqui apresentadas.

classificadas de acordo com a perspectiva sociocrítica (Araújo, 2009; Barbosa, 2006; Jacobini; Wodewotzki, 2006), que tem como base os trabalhos de Paulo Freire, Ubiratan D'Ambrosio e Ole Skovsmose, prioritariamente. Ainda há perspectivas da Modelagem que se apoiam principalmente nos conceitos da Educação Matemática Crítica (EMC), como os trabalhos de Araújo (2002, 2009), por exemplo. Sobre tal temática, Jacobini e Wodewotzki (2006) publicaram um texto que apresenta uma reflexão sobre a Modelagem no contexto da EMC, e Araújo (2009) teceu considerações sobre o que seria a Modelagem na perspectiva da EMC.

A EMC surgiu na década de 1980, preocupada principalmente com os aspectos políticos da Educação Matemática, e suas discussões giram em torno da questão da democracia (Skovsmose, 2001). Na perspectiva da EMC, o diálogo e a democracia devem estar presentes na sala de aula ao se fazer Matemática. Assim, na EMC, os estudantes possuem grau de envolvimento muito grande no desenvolvimento e no controle do processo educacional, e, com isso, a relação existente entre o professor e os alunos tem papel fundamental. "Vários tipos de relação são possíveis, mas a Educação Crítica enfatiza que um princípio importante é que os parceiros sejam iguais" (Skovsmose, 2001, p. 17).

Para Skovsmose (2001), um dos pontos-chave da EMC não está inserido no processo educacional, e sim relacionado com problemas existentes fora do universo da Educação. Assim, ele acredita que as questões estudadas devem ser relevantes para os alunos, de acordo com seus interesses, além de esses possuírem uma relação próxima com situações ou problemas existentes em seu contexto social. Ainda complementa que, "[...] para ser crítica, a educação deve reagir às contradições sociais" (p. 101) e destaca que a EMC tem se manifestado através de orientações para problemas, organização de projetos, interdisciplinaridade, emancipação, entre outros. A proposta da EMC é fazer com que todos sejam matematicamente alfabetizados, para que eles possam vivenciar, entender e questionar a sociedade em que vivem.

Em uma obra publicada em 2007, no Brasil, Skovsmose discute questões acerca da Educação Matemática e aponta que ela desempenha papel significativo em processos sociopolíticos, visto que ela pode ser vista como base para a sociedade tecnológica, além de fornecer formas de conhecimento e de técnicas relevantes para a sociedade informacional. Entretanto, para o autor, isso não significa que a Educação Matemática seja um fator socialmente determinante, mas que pode desempenhar papel importante no processo de interação com outros fatores sociopolíticos.

Skovsmose (2007) discute uma ideia similar àquela que Paulo Freire chama de aptidão literária, mas que compreende as diferentes competências em Matemática: *matemacia*. Entre as competências apresentadas pelo autor, destacam-se saber lidar com noções matemáticas, saber aplicar tais noções em diferentes contextos e ser capaz de refletir sobre essas aplicações. Para Skovsmose (2007, p. 76), "[...] a educação matemática crítica está relacionada com o desenvolvimento da *matemacia*, de tal modo que pode promover melhorias similares àquelas expressas pelo letramento", em referência ao trabalho realizado por Freire. Sobre essa temática, Araújo (2009) menciona em seu texto que a ideia de *matemacia* pode ser considerada como similar ao conceito de *materacia*, proposto por D'Ambrosio. Para Alrø e Skovsmose (2006), as qualidades de aprendizagem da Matemática que realmente devem ser levadas em consideração podem ser representadas pela *matemacia*, pois, para eles, ela é bastante relevante para a democracia e para o desenvolvimento da cidadania, nos mesmos moldes da ideia do letramento.

Ainda, Alrø e Skovsmose (2006) enfatizam que a EMC se preocupa com a maneira com que a Matemática influencia o ambiente cultural, tecnológico e político e acreditam que as competências matemáticas devem servir para que isso aconteça. Desse modo, a EMC não está apenas preocupada com maneiras "mais eficientes" de ensinar determinados conteúdos, e sim com questões como "de que maneira a aprendizagem da Matemática pode contribuir para o desenvolvimento da cidadania", entre outras. E, para eles, a comunicação, com base no diálogo, favorece certas qualidades de aprendizagem da Matemática, "[...] a que nós nos referimos como aprendizagem crítica da Matemática manifestada na competência da materacia" (Alrø; Skovsmose, 2006, p. 19).

Nessa mesma direção, Araújo (2007a) destaca que a EMC busca problematizar o papel da Matemática na sociedade e, como consequência, nas escolas, com o intuito de levar às salas de aula debates sobre questões fundamentais, como, por exemplo, o contraponto entre o progresso tecnológico e as questões ambientais. A EMC parte do pressuposto de que a Educação Matemática não deve apenas desenvolver habilidades relacionadas aos cálculos matemáticos, mas também promover a participação crítica dos sujeitos na sociedade. Ainda, para Araújo (2007b), a EMC pode contribuir para a formação matemática de estudantes não somente para instrumentalizá-los matematicamente, mas também para que eles possam refletir sobre o papel da Matemática na sociedade.

Considerando as questões apresentadas, acreditamos que, ao se propor um trabalho com Modelagem em sala de aula, com base em situações de interesse dos alunos que fazem parte do seu dia a dia, se está possibilitando ao estudante compreender o papel da Matemática na sociedade. E tal fato converge para elementos da perspectiva da EMC. Muito do que foi escrito nesta seção já foi citado por nós ao longo deste livro, sem, entretanto, fazer referências às ideias da EMC. A Modelagem como aprendizagem da vida, como forma de ler o mundo, como forma de compreendê-lo e de poder tomar decisões, converge para os pressupostos apresentados por Skovsmose e outros autores antes aqui mencionados.

Ainda, quando se trabalha com a Modelagem na perspectiva da EMC, professores e alunos são participantes do processo de aprendizagem, não apenas da Matemática, mas também de questões relacionadas ao cotidiano e de relevância social, à cidadania e ao seu exercício consciente, além de aspectos relacionados aos interesses dos estudantes. Um lado que aproxima a Modelagem da EMC é o fato de que, muitas vezes, não há uma única resposta ao problema investigado, ou então existem muitos caminhos para que se chegue até ela. Tal fato permite que a Matemática possa ser vista como uma área que possui influência humana, que pode ser questionada (Borba; Skovsmose, 2001), e vai contra a "ideologia da certeza da Matemática". Assim, a EMC tem como um de seus objetivos combater a ideologia da certeza da Matemática, e a Modelagem pode ser um caminho para que tal fato aconteça.

E, sobre a Matemática, em particular, Skovsmose (2007) afirma que ela representa uma preocupação da EMC, uma vez que ela não deve ser considerada apenas de uma perspectiva educacional, mas também de um ponto de vista filosófico e sociológico.

Modelagem e Pedagogia de Projetos

A Modelagem para alguns é considerada como uma abordagem próxima à Pedagogia de Projetos. Tal fato é explicitado, inclusive, nos documentos oficiais do MEC (Brasil, 2006). Entretanto, acreditamos que é necessário deixar claro "de onde" estamos falando para que possamos, então, apresentar as possíveis interseções dessas duas tendências. Conforme mencionamos no início deste capítulo, há uma série de perspectivas acerca da Modelagem e algumas delas, a nosso ver, estão mais próximas da Pedagogia de Projetos.

Mas o que é um projeto? Essa é uma primeira pergunta que deve ser feita, para que possamos, então, tratar dessas aproximações. Se analisarmos a literatura sobre o tema, no contexto educacional, veremos que muitos autores afirmam não ser fácil definir o que vem a ser um projeto, mas que há elementos e/ou características que constituem a ideia de projeto (Abrantes, 1994; Boutinet, 2002; Machado, 2000, 2006).

Entre esses elementos e características que contribuem para a compreensão do que vem a ser um projeto, podemos afirmar que a existência de uma meta, o fato de ele ser uma atividade desejada, intencional, de interesse daqueles que vão desenvolvê-lo, além da possibilidade de descoberta de algo novo, são fundamentais e que sem eles não há projeto. Para que exista um projeto, é necessário que se tenha a vontade de compreender algo. E tal desejo deve partir do indivíduo (ou grupo deles) que vai projetar. Machado (2006, p. 59) afirma que "[...] podemos ter projetos juntamente com os outros, mas não podemos ter projetos pelos outros". Ainda, a significatividade das ações e da aprendizagem, a autenticidade, a existência de complexidade, de atividades de resolução de problemas e de fases ao longo de seu desenvolvimento, seu caráter prolongado, a referência ao futuro, a abertura para o novo, a unicidade, a não valorização excessiva dos fins a serem atingidos, entre outras, são características que permeiam os projetos. Mais detalhes desses elementos podem ser encontrados em Malheiros (2008), além de um estudo sobre a história dos projetos no contexto educacional.

O desenvolvimento de um projeto em sala de aula deve partir de problemas cotidianos, de interesse dos envolvidos no processo. Nesse sentido, a Pedagogia de Projetos tem como um de seus principais objetivos fazer com que o aluno se torne ator (e ativo) nos processos de ensino e de aprendizagem. Nesse contexto, responsabilidade e autonomia dos alunos também são elementos essenciais. De acordo com Skovsmose (2001), o trabalho com projetos pode contribuir para que aspectos políticos da Educação Matemática possam emergir. Tal autor destaca que uma das "soluções" para que a educação não sirva como reprodução passiva das relações, tanto sociais quanto de poder, existentes nas escolas, é o trabalho desenvolvido baseando-se em temas, segundo Freire (2005), isto é, a abordagem temática ou por projetos.

Nessa mesma direção, com base na Educação Crítica, Jacobini (2004) destaca que a utilização dos projetos está inserida em um contexto que rompe com o caráter exclusivo da obtenção do conhecimento e também pode direcionar o olhar pedagógico para questões relacionadas à educação crítica. Ainda destaca que, ao trabalhar com projetos, está sendo valorizada a participação ativa dos estudantes, partindo de situações e problemas do cotidiano deles.

O trabalho com projetos em sala de aula busca desfragmentar o conhecimento, já que está intimamente relacionado com a perspectiva interdisciplinar. Sobre tal questão Tomaz e David (2008) afirmam que as diretrizes nacionais para a Educação Básica destacam que "[...] o desenvolvimento de projetos é apontado como proposta para vencer a fragmentação do conhecimento escolar e promover uma educação para a cidadania" (p. 17-18). Tais autoras discutem a interdisciplinaridade e a aprendizagem da Matemática no contexto da sala de aula. Nessa obra, defendem que ela pode ser vista como

> [...] uma possibilidade de, a partir da investigação de um objeto, conteúdo, tema de estudo ou projeto, promover atividades escolares que mobilizem aprendizagens vistas como relacionadas,

> entre as práticas sociais das quais alunos e professores estão participando, incluindo as práticas disciplinares (p. 26).

Para elas, a interdisciplinaridade se caracteriza na ação dos atores envolvidos nas atividades escolares no momento em que essas são desenvolvidas, e não pelo que foi proposto anteriormente.

Considerando o que escrevemos até o momento, podemos afirmar, então, que um projeto é uma atividade na qual o interesse dos estudantes é primordial. A partir de uma situação, tema ou problema, por meio de negociação pedagógica e orientação docente, ele abre possibilidades para que questões relacionadas a diferentes áreas do conhecimento sejam exploradas.

Neste momento, o leitor pode estar se perguntando: mas tudo o que foi apresentado nesta seção, até aqui, não converge para muitas das ideias de Modelagem descritas anteriormente? Para nós, fazer Modelagem baseia-se em três passos principais: o da *formulação* do problema, o do estudo de sua *resolução* e o da *avaliação*, conforme já evidenciado na introdução deste livro. E esses passos podem estar inseridos no desenvolvimento dos projetos. Assim, quando o "fazer" Modelagem se torna parte do desenvolvimento de um projeto, podemos dizer que são feitos *Projetos de Modelagem*.

Retomando alguns dos elementos apresentados anteriormente para os projetos, consideramos também que eles podem ser relacionados à Modelagem, já que, quando um estudante, ou um grupo deles, escolhe um tema para pesquisar, além do interesse subentendido, eles têm um objetivo, uma meta a ser alcançada. Além disso, existe a vontade da descoberta, de saber mais sobre aquilo que está sendo investigado. E, assim como na utilização de projetos em sala de aula, também não existem certezas na Modelagem.

Outros pontos destacados, como a singularidade e a autenticidade, também estão presentes ao se elaborar um Projeto de Modelagem, uma vez que, por mais que os estudantes escolham um mesmo tema para investigar, os projetos não serão iguais, visto que cada um tem seus métodos e metas, considerando seus interesses, objetivos e experiências. Na Modelagem, acreditamos que também deve haver significatividade das ações e, consequentemente, da aprendizagem, pois, quando se opta por investigar algo real, pressupõe-se que isso será feito por meio de pesquisa, exploração e simplificação, partindo de questionamentos e reflexões críticas.

Ainda, assim como no trabalho com projetos, na Modelagem existe certa complexidade nas ações, as quais requerem estudo, reflexão e tomada de decisão, além de atividades de resolução de problemas.

Ao se elaborar um Projeto de Modelagem, muitas vezes, não se obtêm modelos muito "eficientes" para descrever determinado fenômeno, por mais que exista diálogo e colaboração entre professor e aluno. É a simplificação do problema, conforme já descrevemos. E isso vai se relacionar com uma das características do trabalho com projetos na educação: a não valorização excessiva dos fins a ser atingidos. Esse fato, na Modelagem, pode ocorrer por várias razões, como, por exemplo, pela desconsideração de variáveis de um dado problema. E isso não significa que o Projeto de Modelagem é ruim ou que o que foi desenvolvido pelos estudantes não é Modelagem, já que um dos objetivos, ao se elaborar um Projeto de Modelagem, é fazer com que os estudantes percebam relações entre a Matemática e outras áreas do conhecimento, presentes em assuntos do cotidiano (Borba; Malheiros; Amaral, 2011).

Conforme já mencionamos, as convergências apresentadas entre a Modelagem e a Pedagogia de Projetos mostram que ambas tendem para questões que evidenciam o aluno como protagonista dos processos de ensino e aprendizagem, fato destacado por vários educadores, entre eles John Dewey, mesmo sem mencioná-los. Ele ressalta que educar é algo intrínseco do ser humano, e a formação desejada geralmente é proveniente de algo externo. Ou seja, para ele, não faz sentido educar sem que haja desejo. O aluno, segundo ele, deve querer aprender, ter interesse em descobrir, em realizar.

Ainda Tomaz e David (2008) destacam que a Modelagem também está diretamente ligada à questão da interdisciplinaridade, corroborando resultados e apontamentos de outras pesquisas (Franchi, 2002; Malheiros, 2004; 2008; Burak, 2005), já que se preocupa em procurar soluções para uma determinada situação, e, muitas vezes, é necessária a utilização de conceitos nem sempre relacionados diretamente com a Matemática. Assim, a interdisciplinaridade deve partir dos problemas que os alunos estão investigando; quando se pensa em atividades de Modelagem, é quase natural a ideia da integração da Matemática com outras áreas do conhecimento.

Acreditamos, portanto, que as abordagens apresentadas nesta seção possuem interseções, dependendo da perspectiva de Modelagem adotada. Ao se desenvolver um projeto, muitas vezes é necessária a presença da Matemática para a compreensão, a resolução ou a estimativa de algo.

Modelagem e as Tecnologias da Informação e Comunicação

Em outros livros desta Coleção (Borba; Penteado, 2003; Borba; Malheiros; Amaral, 2011) foram apresentados exemplos da Modelagem em sinergia com as TICs. Tais exemplos evidenciaram que as TICs são atrizes ao se fazer Modelagem, no contexto educacional e que, nesse processo, atuam de diferentes maneiras e em níveis distintos, conforme destacam Borba e Malheiros (2007), como na utilização de softwares (gráficos, editores de textos, editores de fórmulas matemáticas, planilhas eletrônicas, etc.), pesquisas na internet, comunicação via rede, realização de animações e simulações para melhor compreender e analisar determinada situação, entre outras possibilidades.

E, embora não existam pesquisas específicas sobre como tais questões de fato acontecem, acreditamos que as redes sociais e os grupos de discussão (via *e-mail*) também são exemplos de como as TICs estão presentes nos processos de Modelagem. No *Facebook*[21], por exemplo, há perfis interessados nessa área, e em listas de discussão sempre são enviadas mensagens perguntando sobre modelos específicos, se determinado conteúdo serve para "descrever matematicamente" certa ação humana e se isso é Modelagem, além de busca por referenciais e soluções para alguns problemas. Sabemos que tais exemplos devem ser mais bem investigados, mas acreditamos que eles evidenciam outras nuances da sinergia das TICs com a Modelagem.

Autores como Franchi (2005, 2007) destacam que, com as TICs, outras possibilidades de trabalhos que envolvem a Modelagem surgiram.

[21] Rede social disponível em https://www.facebook.com/. Acesso em: 10 jul. 2011.

Acreditamos, de fato, que, com o aumento da presença das TICs no cotidiano escolar, as possibilidades de experimentação e investigação de determinadas situações podem ser otimizadas, viabilizando a realização de simulações e previsões. E o acesso à internet pode também facilitar a realização de pesquisas, como no exemplo citado em Malheiros (2004), no qual um grupo de alunos elegeu como tema de investigação "O Mal da Vaca Louca",[22] em 2001. A escolha se deu devido ao grande destaque que os meios de comunicação estavam dando ao tema, naquele momento. Praticamente todas as referências bibliográficas do trabalho foram retiradas da internet, visto que a temática eleita pelos alunos era muito específica, e não havia material disponível na instituição de ensino em que eles estavam matriculados.

Ademais, a visualização, aspecto importante para a compreensão de determinados conceitos matemáticos e que pode ser facilitada pela presença das TICs, pode também colaborar com o desenvolvimento da Modelagem. Um exemplo de tal contribuição pode ser encontrado em Diniz (2007). De acordo com o autor, os alunos, ao investigarem o câncer de próstata, utilizaram um software para traçar alguns gráficos e, por meio deles e das possibilidades da visualização que o software oferecia, fizeram conjecturas sobre os problemas estudados e compreenderam melhor as questões investigadas.

Araújo (2003) afirma, com base nos exemplos de como as TICs são utilizadas em atividades de Modelagem, que as tecnologias podem estar a serviço dessa tendência, já que, para ela, parece haver uma incorporação natural das TICs nesse contexto. Jacobini (2004) destaca que as TICs, atualmente, são imprescindíveis para as atividades de Modelagem, quer no contexto da Matemática Aplicada, quer no educacional. Para ele, ao se trabalhar com um volume grande de dados, além de um número considerável de variáveis, recursos informáticos são necessários para o processo de construção e simulação de modelos. Ainda, Jacobini evidencia que a simbiose existente entre as TICs e a Modelagem está presente na maioria dos trabalhos atuais.

[22] "[...] nome popular de uma encefalopatia encontrada em gados, que pode vir a matar seres humanos, desde que os mesmos ingiram carne bovina contaminada pela proteína proteica infectante da doença, denominada príon" (MALHEIROS, 2004, p. 138).

Outro exemplo da sinergia das TICs com a Modelagem foi relatado em Malheiros (2008). Nesse trabalho, a terceira autora deste livro descreve a experiência da elaboração de Projetos de Modelagem ao longo de um curso de formação continuada de professores de Matemática, realizado totalmente a distância por meio de um ambiente virtual de aprendizagem (AVA). Nesse contexto, as TICs foram o meio para que o Projeto de Modelagem fosse elaborado, além de serem utilizadas de maneiras distintas ao longo da elaboração desse. As TICs, nesse cenário, foram protagonistas no processo de elaboração dos Projetos de Modelagem, utilizadas para a realização de pesquisas, simulações, para traçar gráficos, e para a comunicação. Além das ferramentas do AVA, foram utilizadas outras interfaces como comunicadores instantâneos e redes sociais.

Em um dos Projetos de Modelagem apresentados em Malheiros (2008), uma dupla de professoras da Argentina, Cristina e Maria,[23] investigou um problema que havia sido proposto, e explorado de maneira inicial, por um grupo de alunos de uma delas. Tratava-se de um engarrafamento nas imediações da escola onde esse grupo de alunos estudava, no horário da entrada dos estudantes, causado pela falta de sincronicidade entre os semáforos existentes nas ruas de acesso à escola.

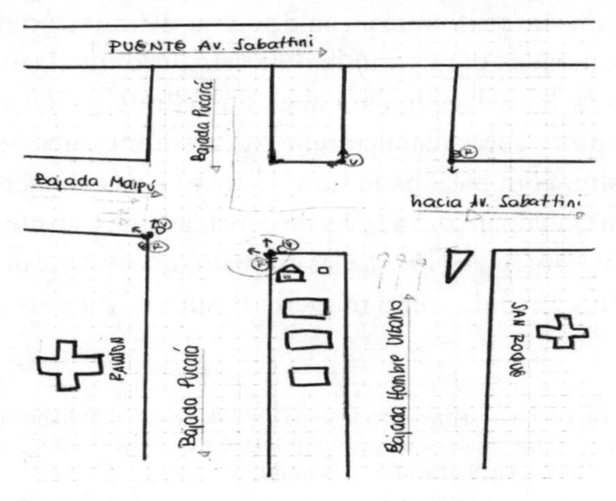

Figura 10 – Esboço da área a ser investigada

[23] Agradecemos às professoras Cristina Guillet e Maria Mina, que, no decorrer do curso, elaboraram o projeto aqui citado, pelas figuras 10 e 11 apresentadas.

Com base nesse questionamento, feito pelos alunos de Maria em 2004, as professoras resolveram utilizar a temática para a elaboração do Projeto de Modelagem durante o curso de "Tendências em Educação Matemática: ênfase em Modelagem Matemática".[24] Em entrevista à pesquisadora, Maria justificou a escolha do tema, afirmando que

> [...] desde el comienzo, ese problema de las alumnas fue muy bien planteado por ellas, y yo, reconozco que no ayudé mucho a mejorarlo! [...] Pero me parecía que era muy interesante y grandes posibilidades de mejorar! (20/06/06, 15:57).[25]

Ou seja, ela, como professora, reconheceu que o tema eleito pelos estudantes era interessante e vislumbrava possibilidades de melhorar a investigação sobre o assunto. Cristina, também em entrevista, falou sobre a escolha do tema "[...] Creo que elegimos el de los semáforos porque ese tema se presentó como desafío cuando lo trabajaron los alumnos" (26/06/06, 18:09).[26]

As professoras, valendo-se do problema original, utilizaram a internet em busca de informações que pudessem contribuir para a resolução da questão proposta inicialmente. Foi na rede que elas encontraram um texto que as auxiliou na delimitação das variáveis consideradas para o modelo de semáforo inteligente, tema do Projeto de Modelagem. Para que essa delimitação acontecesse, porém, as professoras dialogaram e trocaram informações por *e-mails*. Assim, com base na leitura do texto e nas conversas, elas resolveram trabalhar com a ideia de densidade de trânsito, que, de acordo com Haberman (1977), elas afirmam ser "variable de tránsito *densidad* (δ), definida como número de automóviles distribuidos

---

[24] Curso de extensão universitária oferecido pelo Grupo de Pesquisa em Informática, outras Mídias e Educação Matemática no ano de 2006, pela UNESP, campus Rio Claro. Mais detalhes em Malheiros (2008) e em Borba, Malheiros e Amaral (2011).

[25] [...] Desde o início, esse problema das alunas foi muito bem colocado por elas, e reconheço que não as ajudei muito a melhorá-lo! [...] Mas parecia-me muito interessante e com muitas possibilidades de ser melhorado!

[26] [...] Creio que escolhemos o [problema] dos semáforos porque este foi o que apresentou como desafio ao ser trabalhado pelos alunos.

en una longitud *L*".[27] Ainda, uma das professoras, em entrevista, mencionou que o material sobre modelos de semáforos também foi fornecido por um matemático. Ou seja, após realizar as pesquisas encontradas na internet, elas buscaram ajuda de profissionais da área para obter mais informações teóricas sobre o assunto que estavam investigando.

Para resolver o problema, as professoras fizeram algumas simplificações, conforme a figura a seguir (Fig. 11). Elas consideraram que a *Avenida A* representava a "Bajada Pucará" e que a *Avenida B* representava a "Hacia Av. Sabattini". Com essa nova disposição, consideraram apenas os semáforos 1 (S1) e 2 (S2) (Fig. 11):

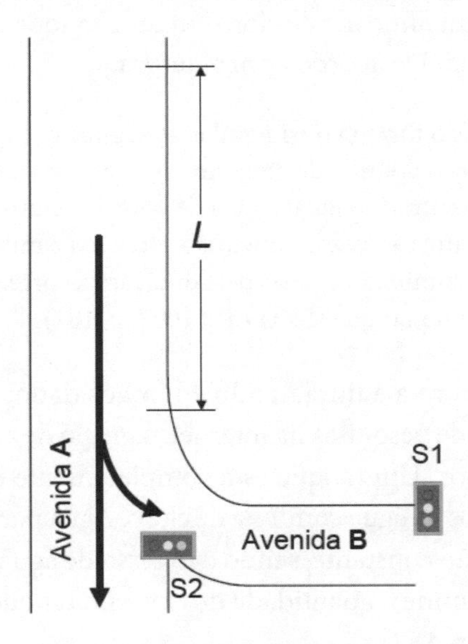

Figura 11 – Representação da simplificação do problema

As professoras fizeram algumas matematizações (com base nas ideias de Skovsmose), suposições, simulações e simplificaram o problema. A partir de então, elas encontraram uma função que "resolvia" a situação.

Nesse exemplo, as TICs atuaram de diferentes maneiras, começando na proposta da elaboração do Projeto de Modelagem, visto

[27] Variável de trânsito densidade (δ), definida como número de automóveis distribuídos em uma longitude L.

que ela aconteceu ao longo de um curso totalmente *on-line*, até na simulação e investigação, para que elas pudessem, por meio de um *software* gráfico, encontrar uma função que poderia contribuir para a resolução da situação proposta. Ainda, foi na internet que elas encontraram referências que contribuíram para que elas melhor compreendessem o funcionamento do trânsito.

Em Franchi (2007), encontramos outro exemplo da sinergia das TICs com a Modelagem. A autora apresenta um trabalho de estudantes de Engenharia Química sobre a "Dengue" e, entre as possibilidades de investigação acerca do tema, como crescimento da população do mosquito, controle biológico da larva, etc., focaram em descobrir como controlar a quantidade de cloro em cada tanque de um conjunto de espelhos d'água. De acordo com a autora,

> no estudo foram consideradas as seguintes hipóteses simplificadoras: o volume de água no tanque permanece constante (a taxa de entrada é igual a taxa de saída); o cloro é adicionado ao tanque uma só vez no início do processo e misturado à água; o cloro é eliminado apenas pela diluição decorrente da renovação da água no tanque (Franchi, 2007, p. 187).

De acordo com a autora, tendo em mãos dados experimentais obtidos por meio de pesquisas na internet, o grupo de alunos formulou a seguinte questão: "Um tanque está completamente cheio e contém 100 metros cúbicos de água com 1 kg de cloro. Água pura é colocada no tanque numa vazão constante, sendo o excesso de água eliminado por um ladrão. Determine a quantidade de cloro no tanque no instante t" (Franchi, 2007, p. 187).

A partir da formulação do problema, os estudantes utilizaram uma planilha eletrônica para realizar a representação gráfica e obter expressões matemáticas. De acordo com Franchi, as expressões obtidas se mostraram adequadas, considerando valores intermediários da tabela elaborada pelos estudantes. Entretanto, foi realizado um estudo teórico, considerando as características do problema, para que se chegasse a conclusões. Segundo ela, o modelo teórico obtido é muito próximo do que os alunos encontraram por meio das TICs, e "os recursos utilizados, as diferentes abordagens adotadas, as análises e comparações feitas propiciam um constante 'ir e vir' entre a Modelagem e a Informática que enriquece os processos de construção do conhecimento matemático" (Franchi, 2007, p. 189).

Em Borba (2009) também encontramos exemplos sobre a sinergia entre a Modelagem e as TICs. O autor, a partir de uma discussão sobre o que vem a ser um problema, considerando a presença da internet no contexto educacional, na qual a "resposta" para muito do que se acredita ser problema hoje pode ser encontrada, discute que abordagens pedagógicas que privilegiam a busca e a investigação por parte dos estudantes serão as que "sobreviverão" quando a internet estiver de fato presente em todas as salas de aula. Para ele, a Modelagem é uma das alternativas para que os estudantes possam investigar problemas que de fato os interessam. Para Borba, a internet aumenta as possibilidades da Modelagem em sala de aula.

Ainda considerando a potencialidade da internet acerca da Modelagem, Borba (2009) descreve que Modelagem e Performance Matemática Digital possuem sinergia. Tal ideia também é discutida em Borba e Scucuglia (2009). Tais autores participam de um projeto intitulado *Digital Mathematical Performance*[28], no qual são desenvolvidas performances artísticas que envolvem o pensamento matemático e a educação *on-line* e, para eles, como tal projeto busca "[...] investigar alguns temas matemáticos que podem ser considerados modelos de uma realidade, fica evidente uma convergência entre algumas performances matemáticas digitais e uma concepção de modelagem matemática" (Borba; Scucuglia, 2009, p. 164). Nesse texto, os autores apresentam possibilidades de performances, como a produção de vídeos e objetos virtuais baseados em simulações, que podem convergir para as ideias de Modelagem, evidenciando a sinergia por eles mencionada.

Outra possibilidade envolvendo Modelagem e as TICs é o Centro Virtual de Modelagem (CVM)[29], já descrito em textos como Borba e Malheiros (2007) e Borba e Scucuglia (2009). Ele consiste em um ambiente virtual criado para que questões relacionadas à Modelagem

[28] Disponível em: <http://www.edu.uwo.ca/dmp/>. Acesso em: 12 jul. 2011.

[29] Mais informações em cvm@rc.unesp.br.

sejam investigadas, havendo troca de informações e experiências a partir da participação coletiva de professores, pesquisadores e estudantes. Ele pode também ser considerado um "lócus virtual" para intercâmbio e interferência no cotidiano da sala de aula, tendo como base a internet para desenvolvimento e de execução de atividades relacionadas à Modelagem. Este Centro pode possibilitar a constituição de uma comunidade que interage, síncrona e assincronamente, e tem se tornado objeto de pesquisa (Malheiros, 2008; Borba; Scucuglia, 2009) considerando questões vinculadas à Modelagem e também a interações *on-line*, com vistas a refletir sobre suas possibilidades e limitações, para que possíveis reformulações sejam realizadas, com o objetivo de aumentar as possibilidades acerca da Modelagem.

Outro Centro virtual é o Centro de Referência de Modelagem Matemática no Ensino (CREMM), vinculado à Universidade Regional de Blumenau (FURB), o qual disponibiliza vários tipos de materiais referentes à Modelagem. Recentemente, o Centro criou duas revistas virtuais de periodicidade semestral: uma internacional - *Journal of Mathematical Modelling and Aplications* - e uma nacional - *Modelagem na Educação Matemática*.[30]

No contexto internacional, também encontramos pesquisas que investigam o papel das TICs na Modelagem. Greefrath (2011) afirma que elas possibilitam novas formas de aprender e compreender a Matemática e destaca que as TICs não são apenas ferramentas para o suporte das atividades matemáticas, e sim uma maneira de levar para a sala de aula maior número de aplicações e Modelagem. Os estudos analisados pelo autor destacam que, em alguns casos, *softwares*, calculadoras e outros recursos tecnológicos foram necessários para a interpretação e a validação da solução. Para Greefrath, entretanto, é necessário que mais pesquisas que envolvam a Modelagem e as TICs sejam realizadas, para que se possa compreender melhor as relações entre essas duas tendências no processo de aprendizagem da Matemática.

Assim, diante de tais relatos, acreditamos que parece haver uma incorporação natural das TICs na Modelagem e que, conforme novas opções tecnológicas surgem, a Modelagem ganha outras possibilidades.

---

[30] Disponível em: <http://www.furb.br/cremm/portugues/index.php>. Acesso em: 15 set. 2011.

Capítulo V

Considerações finais

Há algum tempo, o primeiro autor deste livro começou uma palestra com uma frase inspirada em um poema[31] de Fernando Pessoa, que dizia: "Lá vem o pregador das verdades. Dele". Tal frase traduz um pouco da atitude dos autores, ou seja, as verdades que tentamos colocar de modo tanto cauteloso quanto convicto neste livro. Nossas verdades não o são de modo absoluto, intocável – ao contrário, novos tempos, novas realidades, novas pessoas têm, mais do que o direito, o dever de construir as suas verdades. Para o tempo em que estiverem.

A crença nessa perspectiva de verdade caracteriza o trabalho com Modelagem. Nela, dentro e fora da escola, temos verdades *datadas*. E isso não é algo contrário à Modelagem, feita de modo responsável. É, antes, a sua prática. Toda Modelagem visa não apenas descrever um ou mais fenômenos, mas, e sobretudo, compreendê-lo(s). É assim quando se testa uma hipótese que se mostra incompatível no posterior processo de Modelagem. Se essa hipótese já não tem valor, devemos partir para diferentes conjecturas. Isso se vê, de modo claro, por exemplo, ao se estudar a queda livre. Em alguns casos, interessam apenas o tempo e a aceleração da gravidade; em se tratando de alturas maiores, a resistência do ar passa a ser relevante, e, para velocidades maiores, o formato do objeto que cai também é fundamental: verdades caso a caso. Quando se vence uma etapa na

[31] Poema "O Pregador de Verdades", de Fernando Pessoa.

Modelagem, outros desafios se apresentam – e a boa Modelagem deixa, sempre, um sabor de "querer mais"!

Em outras palavras, a Modelagem deve nos fazer compreender melhor o fenômeno que estamos estudando, considerando. E, ao fazê-lo, devemos ser capazes de criar condições para um novo ciclo de Modelagem. Isso nos deixa com uma Modelagem que, concluída, pode ser recomeçada.

É claro que há modelos matemáticos que permanecem – são aqueles que descrevem o fenômeno estudado, mas pouco nos ensinam sobre ele. Mas mesmo essa Modelagem tem um aspecto dinâmico. Isto é, mesmo quando o modelo desenvolvido não "envelhece", permanecem outros aspectos que nos estimulam a reconsiderá-lo. Aqueles modelos clássicos de Demografia, de Dinâmicas Populacionais podem ser tratados hoje com máquinas muito mais poderosas, incorporando novas características não só da Modelagem em si, mas fornecendo resultados numéricos obtidos de modo mais preciso, isto é, precisão que permite tirar conclusões diferentes, novas, reveladoras.

Em praticamente todos os esquemas de Modelagem, não há um "Fim". Há, isto sim, um retorno ao início, à consideração de novos cenários, novas hipóteses, novas técnicas, e a Modelagem, além de se definir como *Datada*, coloca-se como *Dinâmica*. Mas, além disso, podemos afirmar que nossa experiência indica – e indica fortemente! – uma Modelagem *Dialógica*.

Em um esquema de Modelagem, como no exemplificado na Figura 2 (Capítulo 2), há três linhas e três colunas. À esquerda, temos a da situação-problema e, duas linhas imediatamente abaixo, o processo decisório. Isso é feito, em geral, pelo interlocutor, seja ele o médico da Saúde Pública, o engenheiro, seja ele o demógrafo. Do lado direito, temos o Problema Matemático e, abaixo, sucessivamente a Resolução (ou a Resolução Aproximada) e a Avaliação da solução obtida. Isso, por sua vez, é feito pelo matemático. Na coluna do meio, figuram a consideração de Hipóteses Simplificadoras e a Avaliação Crítica da solução obtida, do ponto de vista da sociedade, o que é feito dialogicamente: é necessário que interlocutor e matemático se entendam, dialoguem, descubram suas verdades. Esse é um aspecto especialmente interessante no trabalho com Modelagem em ambientes escolares:

não há, *a priori*, um critério pronto, permanente, imutável. Desde a formulação das hipóteses, o diálogo se torna fundamental; podemos arriscar afirmar que, em Modelagem, não temos escolha, devemos aprender a fazê-la por meio de negociação, do convívio e da construção coletiva do conhecimento. Nessa perspectiva, ela pode contribuir para a leitura do mundo em seus muitos e diversos aspectos.

Finalmente, destacamos uma quarta característica: a Modelagem é, por excelência, *Diversa*. Escrevendo de outro jeito, a Modelagem precisa de outro método, de outra verdade, de outro modelador. Ao estudarmos determinadas populações, podemos fazer uma descrição da sua dinâmica usando Equações Discretas, equações, por exemplo, ditas de Diferenças, obtendo resultados numericamente diferentes daqueles que obtemos ao usar a Matemática Contínua, recorrendo a Equações Diferenciais. Os modos de se formular o problema e de se fazer suas respectivas contas são diversos – e os resultados também o são. Mas podem corroborar qualitativamente, validando ambos os trabalhos, ambos os resultados. Ou não! Um resultado significativamente diferente tem outro valor: o de nos mandar de volta aos modelos matemáticos e suas formulações, às técnicas adotadas nas aproximações, aos resultados.

Assim, é com base nos quatro Ds é que entendemos e fazemos Modelagem. Ela é *Datada*, *Dinâmica*, *Dialógica* e *Diversa*. Para nós, a Modelagem não é o caminho para a resposta certa, para a verdade absoluta, para as certezas. É, muito mais; é um reconhecimento de que sempre há muito por aprender. Mas também em Modelagem podemos ter a companhia de interlocutores que trilhem conosco os mesmos caminhos de aprendizagem e desafios. E a Modelagem, nessa perspectiva, torna-se um meio de educar matematicamente.

Deste modo, esperamos que neste livro, e na viagem que nos propusemos a compartilhar ao longo dele, mencionada em sua introdução, o leitor tenha encontrado estímulo para as próprias descobertas, lembrando que fazer Modelagem é um desafio em aberto. Nesse sentido, citamos Paulinho da Viola, que, de modo comovente, canta "As coisas estão no mundo, só que eu preciso aprender"[32], uma vez que acreditamos que, ao trabalhar com Modelagem, estaremos aprendendo as coisas do mundo.

[32] Trecho cantado em "Coisas do mundo, minha nêga", da autoria de Paulinho da Viola.

Referências

ABRANTES, P. *O trabalho de projecto e a relação dos alunos com a Matemática: a experiência do Projecto MAT789*. 1994. 630 f. Tese (Doutorado em Educação) – Universidade de Lisboa, Lisboa, 1994.

ALMEIDA, L. M. W. Modelagem Matemática e formação de professores. In: ENCONTRO NACIONAL DE EDUCAÇÃO MATEMÁTICA, 8., 2004, Recife. *Anais...* Recife: Sociedade Brasileira de Educação Matemática, 2004. 1 CD-ROM.

ALRØ, H.; SKOVSMOSE, O. *Diálogo e aprendizagem em Educação Matemática*. Tradução de Figueiredo, O. Belo Horizonte: Autêntica, 2006.

ALVES, R. *A alegria de ensinar*. São Paulo: Ars Poética, 1994.

ANASTÁCIO, M. Q. A. *Considerações sobre a Modelagem Matemática e a Educação Matemática*. 1990. 100 p. Dissertação (Mestrado em Educação Matemática) – Instituto de Geociências e Ciências Exatas, Universidade Estadual Paulista, Rio Claro, 1990.

ARAÚJO, J. L. Brazilian Research on Modelling in Mathematics Education. *ZDM Mathematics Education*, 42:337–348. DOI 10.1007/s11858-010-0238-9. 2010.

ARAÚJO, J. L. Uma abordagem sociocrítica da Modelagem Matemática: a perspectiva da educação matemática crítica. In: *ALEXANDRIA – Revista de Educação em Ciência e Tecnologia*, v. 2, n. 2, p. 55-68, jul. 2009.

ARAÚJO, J. L. Apresentação. In: ARAÚJO, J. L. (Org.). *Educação Matemática Crítica: reflexões e diálogos*. Belo Horizonte: Argvmentvm, 2007a.

ARAÚJO, J. L. Educação Matemática Crítica na formação de pós-graduandos em Educação Matemática. In: ARAÚJO, J. L.(Org.). *Educação Matemática Crítica: reflexões e diálogos*. Belo Horizonte: Argvmentvm, 2007b.

ARAÚJO, J. L. Situações reais e computadores: os convidados são igualmente bem-vindos? In: *Bolema – Boletim de Educação Matemática*, ano 16, n. 19, p. 1 a 18, 2003.

ARAÚJO, J. L., *Cálculo, tecnologias e Modelagem Matemática: as discussões dos alunos*. 2002. Tese (Doutorado em Educação Matemática) – Instituto de Geociências e Ciências Exatas (IGCE), Universidade Estadual Paulista (UNESP), Rio Claro, São Paulo, 2002.

ARAÚJO, U. F.; AQUINO, J. G. *Os direitos humanos na sala aula: a ética como tema transversal*. São Paulo: Moderna, 2001.

AUTHIER, M.; LÉVY, P. *Les arbres des connaissances*. Paris: La Découverte, 1993.

BACHELARD, G. *A formação do espírito científico: contribuições para uma psicanálise do conhecimento*. Tradução de Estela dos Santos Abreu. 4. reimp. Rio de Janeiro: Contraponto, 1996.

BANDEIRA, M. L. *Antropologia, diversidade e educação*. Fascículo 4, Universidade Federal do Mato Grosso. Cuiabá: Núcleo de Educação Aberta e a Distância/IE-UFMT, 1995.

BARBOSA, J. C. Sobre a pesquisa em modelagem matemática no Brasil. In. ARAÚJO, J. L.; CORRÊA, R. A. (Eds.). CONFERÊNCIA NACIONAL SOBRE MODELAGEM NA EDUCAÇÃO MATEMÁTICA, 5., 2007, Ouro Preto. *Anais*.... Ouro Preto: Universidade Federal de Ouro Preto/Universidade Federal de Minas Gerais, 2007. [CD ROM] (p. 82-103).

BARBOSA, J. C. Mathematical Modelling in Classroom: a Critical and Discursive Perspective. *ZDM. Mathematics Education*. Zentralblatt für Didaktik, Karlsruhe, v. 38, n. 3, p. 293-302, 2006.

BARBOSA, J. C. *Modelagem Matemática: concepções e experiências de futuros professores*. 2001. 253 p. Tese (Doutorado em Educação Matemática) – Instituto de Geociências e Ciências Exatas, Universidade Estadual Paulista, Rio Claro, 2001.

BARROS, M. E. B. de. Procurando outros paradigmas para a educação. *Educação & Sociedade*, Campinas, v. 21, n. 72, 2000.

BASSANEZI, R. C. *Ensino e aprendizagem com Modelagem Matemática: uma nova estratégia*. São Paulo: Contexto, 2002.

BELTRÃO, M. E. P.; IGLIORI, S. B. C. Ensino de cálculo pela modelagem matemática e aplicações em um curso de tecnologia. In: CONFERÊNCIA NACIONAL SOBRE MODELAGEM NA EDUCAÇÃO MATEMÁTICA, 6., 2009, Londrina. *Anais*... – VI CNMEM, 1, 2009. Londrina – PR. *Anais*... Londrina: UEL, 2009, 1 CD.

BICUDO, M. A. V.; GARNICA, A. V. M. *Filosofia da Educação Matemática*. 4. ed. Belo Horizonte: Autêntica, 2011.

BIEMBENGUT, M. S. 30 anos de Modelagem Matemática na educação brasileira: das propostas primeiras às propostas atuais. *ALEXANDRIA – Revista de Educação em Ciência e Tecnologia*, v. 2, n. 2, p. 7-32, jul. 2009.

BIEMBENGUT, M. S.; HEIN, N.; DOROW, K. C. Mapeamento das pesquisas sobre Modelagem Matemática no ensino brasileiro: análise das dissertações e teses desenvolvidas no Brasil. In: ARAÚJO, J. L. Araújo; CORRÊA, R. A. (Eds.). CONFERÊNCIA NACIONAL SOBRE MODELAGEM NA EDUCAÇÃO MATEMÁTICA, 5., 2007, Ouro Preto. *Anais*... Ouro Preto: Universidade Federal de Ouro Preto/Universidade Federal de Minas Gerais, 2007. [CD ROM] (p. 82–103).

BLAIRE, E. Philosophies of Mathematics and Perspectives of Mathematics Teaching. *Int. J. Math. Educ. Sci. Technol.*, v. 12, n. 2, p. 147-153, 1981.

BLAIRE, E. *Philosophy of Mathematics Education*. London: Institute of Education, University of London, 1981a. (Tese de doutorado.)

BLOMHØJ, M. Modelling Competency: Teaching, Learning and Assessing Competencies. In: KAISER, G.; BLUM, W.; FERRI, R. B.; STILLMAN, G. *Trends in Teaching and Learning of Mathematical Modelling* (Ed.). London, New York: Springer, 2011.

BORBA, M. C. *Um estudo em Etnomatemática: sua incorporação na elaboração de uma proposta pedagógica para o "Núcleo Escola" da Vila Nogueira - São Quirino*. Dissertação (Mestrado em Educação Matemática) - Instituto de Geociências e Ciências Exatas, Universidade Estadual Paulista, Rio Claro, 1987.

BORBA, M. C. Potential Scenarios for Internet Use in the Mathematics Classroom. *ZDM Mathematics Education*, *41*: 453-465. DOI 10.1007/S11858-009-0188-2. 2009.

BORBA, M. C.; MALHEIROS, A. P. S.; AMARAL, R. B. *Educação a Distância online*. 3. ed. Belo Horizonte: Autêntica, 2011.

BORBA, M. C.; SCUCUGLIA, R. Modelagem e performance digital em Educação Matemática online. In: GONÇALVES, R. A.; OLIVEIRA, J. S.; RIBAS, M. A. C. (Orgs.). *A educação na sociedade dos meios virtuais*. Santa Maria: Centro Universitário Franciscano, 2009.

BORBA, M. C.; MALHEIROS, A. P. S. Internet e Modelagem: desenvolvimento de projetos e o CVM. In: BARBOSA, J. C.; CALDEIRA, A. D.; ARAÚJO, J. L. *Modelagem Matemática na Educação Matemática brasileira: pesquisas e práticas educacionais*. Recife: Sbem, 2007. p. 195-211. (Biblioteca do Educador Matemático). v. 3.

BORBA, M. C.; VILLARREAL, M. E. *Humans-with-media and the Reorganization of Mathematical Thinking*: Information and Communication Technologies, Modeling, Visualization and Experimentation. New York: Springer Science+Business Media, Inc., 2005.

BORBA, M. C.; PENTEADO, M. G. *Informática e Educação Matemática*. Belo Horizonte: Autêntica, 2003.

BORBA, M. C.; SKOVSMOSE, O. A ideologia da certeza em Educação Matemática. In. *Educação Matemática Crítica - a questão da democracia*. Campinas: Papirus, 2001. p. 127-160.

BORBA, M. C.; MENEGHETTI, R. C. G.; HERMINI, H. A. Modelagem, calculadora gráfica, interdisciplinaridade na sala de aula de um curso de Ciências Biológicas. *Revista de Educação Matemática*, São Paulo, v. 5, n. 3, p. 63-70, 1997.

BRASIL. Ministério da Educação. Secretaria de Educação Média e Tecnológica. *Orientações Curriculares para o ensino médio* – v. 2: Ciências da Natureza, Matemática e suas Tecnologias. Brasília: Ministério da Educação, 2006.

BROWN, J. P. Mathematical Modelling in Teacher Education – Overview. In: KAISER, G.; BLUM, W.; FERRI, R. B.; STILLMAN, G. *Trends in Teaching and Learning of Mathematical Modelling* (Ed.). London, New York: Springer, 2011.

BOUTINET, J. P. *Antropologia do projeto*. Porto Alegre: Artmed, 2002.

BURAK, D. As Diretrizes Curriculares para o Ensino de Matemática e a Modelagem Matemática. In: *Perspectiva*. Erechim, v. 29, n. 113, p. 153-161, 2005.

BURAK, D. *Modelagem Matemática: ações e interações no processo de ensino aprendizagem*. 1992. 459 p. Tese (Doutorado em Educação) – Faculdade de Educação, Universidade Estadual de Campinas, Campinas, 1992.

BURAK, D. *Modelagem Matemática: uma metodologia alternativa para o ensino da Matemática na 5ª serie*. 1987. 186 p. Dissertação (Mestrado em Educação Matemática) – Instituto de Geociências e Ciências Exatas, Universidade Estadual Paulista, Rio Claro, 1987.

BURAK, D.; KLUBER, T. E. Modelagem Matemática na perspectiva da Educação Matemática e seu ensino na educação básica. In: CONFERÊNCIA NACIONAL SOBRE MODELAGEM NA EDUCAÇÃO MATEMÁTICA, 5., 2007, Ouro Preto. *Anais*... Ouro Preto: UFOP/UFMG, 2007. 1 CD-ROM, p. 907-922.

BURGHES, D. N.; BORRIE, M. S. *Modelling with Differential Equations*. Elis Horwood, 1981. 172 p.

CALDEIRA, A. D. Modelagem Matemática: um outro olhar. In: *ALEXANDRIA – Revista de Educação em Ciência e Tecnologia*, v. 2, n. 2, p. 33-54, jul. 2009.

CALDEIRA, A. D. *Educação Matemática e Ambiental: um contexto de mudança*. 1998. 158 p. Tese (Doutorado em Educação) – Faculdade de Educação, Universidade Estadual de Campinas, Campinas, 1998.

CARREIRA, S. Looking Deeper into Modelling Process: Studies with a Cognitive Perspective – Overview. In: KAISER, G.; BLUM, W.; FERRI, R. B.; STILLMAN, G. *Trends in Teaching and Learning of Mathematical Modelling* (Ed.). London, New York: Springer, 2011.

CHAUÍ, M. *Convite à Filosofia*. São Paulo: Ática, 1999.

CHARLOT, Bernard. *O professor da Sociedade Contemporânea: um trabalhador da contradição. Revista da FAEEBA – Educação e Contemporaneidade*. Salvador, v. 17, n. 30, p. 17-31, jul./dez. 2008.

CORDEIRO, J. *Didática*. São Paulo: Contexto, 2007.

CORTELLA, M. S. *A escola e o conhecimento: fundamentos epistemológicos e políticos*. São Paulo: Cortez, 2001.

COSTA, M. V. (Org.) *Caminhos investigativos I e II: novos olhares na pesquisa em educação*. 2. ed. Rio de Janeiro: DP&A, 2002.

CURY, H. N. Retrospectiva histórica e perspectiva atual da análise dos erros em Educação Matemática. *Zetetiké*, Campinas, v. 3, n. 4, p. 39-50, nov. 1995.

D'AMBROSIO, U. *Etnomatemática: elo entre as tradições e a modernidade*. Belo Horizonte: Autêntica, 2001.

D'AMBROSIO, U. *Educação Matemática: da teoria à prática*. Campinas: Papirus, 1996.

D'AMBROSIO, U. *A era da consciência: aula inaugural do primeiro curso de Ciência e Valores Humanos no Brasil*. São Paulo: Fundação Peirópolis, 1997.

D'AMBROSIO, B. Formação de professores de Matemática para o século XXI: o grande desafio. *Pro-Posição*, Campinas, 4, p. 35-42, 1993.

D'AMBROSIO, U. *Da realidade à ação: reflexões sobre Educação Matemática*. São Paulo: Summus; Campinas: Unicamp, 1986.

DAVIS, P. J.; HERSH, R. *A Experiência Matemática*. Rio de Janeiro: F. Alves, 1985.

DIAS, M. R. *Uma experiência com Modelagem Matemática na formação continuada de professores*. 2005. 199 p. Dissertação (Mestrado em Ensino de Ciências e Educação Matemática) - Universidade Estadual de Londrina, Londrina, 2005.

DINIZ, L. N. *O papel das Tecnologias da Informação e Comunicação nos Projetos de Modelagem Matemática*. 2007. Dissertação (Mestrado em Educação Matemática) - Instituto de Geociências e Ciências Exatas, Universidade Estadual Paulista, Rio Claro, 2007.

FERREIRA, E. S. *Etnomatemática: uma proposta pedagógica*. Rio de Janeiro: MEM/USU, 1997.

FERREIRA, M. K. L. (Org.). *Ideias matemáticas de povos culturalmente distintos*. São Paulo: Global, 2002.

FIDELIS, R. *Contribuições da Modelagem Matemática para o pensamento reflexivo: um estudo*. 2005. 178 p. Dissertação (Mestrado em Ensino de Ciências e Educação Matemática) - Universidade Estadual de Londrina, Londrina, 2005.

FIORENTINI, D. Estudo de algumas tentativas pioneiras de pesquisa sobre o uso da Modelagem Matemática no ensino. In: ICME, 8., 1996, Sevilha. *Anais...* Sevilha: ICME, 1996.

FRANCHI, R. H. O. L. Ambientes de aprendizagem fundamentados na Modelagem Matemática e a Informática como possibilidades para a Educação Matemática. In: BARBOSA, J. C.; CALDEIRA, A. D.; ARAÚJO, J. L. *Modelagem Matemática na Educação Matemática brasileira*: Pesquisas e Práticas Educacionais. Recife: SBEM, 2007. p. 177-194. (Biblioteca do Educador Matemático). v. 3.

FRANCHI, R. H. O. L. Modelagem Matemática, interpretação e ação sobre a realidade: um possível passo em direção a transdisciplinaridade. In: CONFERÊNCIA

NACIONAL SOBRE MODELAGEM E EDUCAÇÃO MATEMÁTICA, 6., 2005, Feira de Santana. *Anais...* 2005, v. 1, p. 1-13.

FRANCHI, R. H. O. L. *Uma proposta curricular para cursos de Engenharia utilizando Modelagem Matemática e Informática.* 2002. Tese (Doutorado em Educação Matemática) - Instituto de Geociências e Ciências Exatas, Universidade Estadual Paulista, Rio Claro, 2002.

FREIRE, P. *Pedagogia da autonomia: saberes necessários à pratica educativa.* Rio de Janeiro: Paz e Terra, 1996.

FREIRE, P.; SHOR, I. *Medo e ousadia: o cotidiano do professor.* Rio de Janeiro: Paz e Terra, 1986.

FREIRE, P. *Pedagogia do Oprimido.* 49. reimp. Rio de Janeiro: Paz e Terra, 2005.

GAVANSKI, D. *Uma experiência de estágio supervisionado norteado pala Modelagem Matemática: indícios para uma ação inovadora.* 1995. 174 p. Dissertação (Mestrado em Educação) - Universidade Estadual do Centro-Oeste do Paraná, Guarapuava, 1995.

GAZZETTA, M. *A Modelagem como estratégia de ensino da Matemática em cursos de aperfeiçoamento de professores.* Dissertação (Mestrado em Educação Matemática) - Instituto de Geociências e Ciências Exatas (IGCE), Universidade Estadual Paulista (UNESP), Rio Claro, 1989.

GEERTZ, C. *A interpretação das culturas.* Tradução de Fanny Wrobel. Rio de Janeiro: Zahar, 1978.

GERDES, P. *Da Etnomatemática à Arte-Design e Matrizes Cíclicas.* Belo Horizonte: Autêntica, 2010.

GERDES, P. How to Recognise Hidden Geometrical Thinking: a Contribution to the Development of Anthropological Mathematics. *For the Learning of Mathematics* 6, n. 2, jun. 1986.

GONÇALVES, E. C. S.; MONTEIRO, A. Medidas e Práticas Sociais. In: SEMINÁRIO INTERNACIONAL DE PESQUISA EM EDUCAÇÃO MATEMÁTICA, 3., 2006, Águas de Lindoia. *Anais...* Águas de Lindoia, 2006.

GREEFRATH, G. Using Technologies: New Possibilities of Teaching and Learning Modelling - Overview. In: KAISER, G.; BLUM, W.; FERRI, R. B.; STILLMAN, G. *Trends in Teaching and Learning of Mathematical Modelling* (Ed.). London, New York: Springer, 2011.

GUSMÃO, N. M. M. de. A noção de cultura e seus desafios. In: *CBEm*-CONGRESSO BRASILEIRO DE ETNOMATEMÁTICA, 1., 2000, São Paulo. *Anais...* São Paulo: Feusp, 2000. v. 1. p. 01-12.

HABERMAN, R. *Mathematical Models: Mechanical Vibrations, Population Dynamics, and Traffic Flow.* New Jersey, Estados Unidos: Prentice-Hall, 1977.

HARRIS, M. An Example of Traditional Women's Work as a Mathematical Resource. In: POWELL, A. B.; FRANKENSTEIN, M. (Ed.). *Ethnomathematics – Challenging Eurocentrism in Mathematics Education*. State University of New York Press, N. York, 1997.

HARRIS, M. *Schools, Mathematics and Work*. Basingstoke: The Falmer Press, 1991.

HERMINIO, M. H. G. B. *O processo de escolha dos temas dos Projetos de Modelagem Matemática*. 2009. Dissertação (Mestrado em Educação Matemática) – Instituto de Geociências e Ciências Exatas (IGCE), Universidade Estadual Paulista (UNESP), Rio Claro, 2009.

HUNTLEY, I.; JAMES, D. J. G. *Mathematical Modelling: A Source Book of Case Studies*. Oxford: Oxford University Press, 1990. 462 p.

JACOBINI, O. R. *A Modelagem Matemática como instrumento de ação política na sala de aula*. 2004. Tese (Doutorado em Educação Matemática) – Instituto de Geociências e Ciências Exatas, Universidade Estadual Paulista, Rio Claro, 2004.

JACOBINI, O. R.; WODEWOTZKI, M. L. L. Uma reflexão sobre a Modelagem Matemática no contexto da Educação Matemática Crítica. In: *Bolema – Boletim de Educação Matemática*, ano 19, n. 25, p. 71-88, 2006.

JAMES, J. G.; McDONALD, J. J. *Case Studies in Mathematica Modelling*. Wikley, 1981. 214 p.

KAISER, G.; BLUM, W.; FERRI, R. B.; STILLMAN, G. *Trends in Teaching and Learning of Mathematical Modelling* (Ed.). London, New York: Springer, 2011.

KLÜBER, T. E. Por um meta-compreensão da Modelagem na perspectiva da Etnomatemática. In: CONFERÊNCIA NACIONAL SOBRE MODELAGEM NA EDUCAÇÃO MATEMÁTICA, 6., 2009, Londrina. *Anais*.... VI CNMEM, 1, 2009. Londrina. *Anais*... Londrina: UEL, 2009, 1 CD.

KLUBER, T. E.; PEREIRA, E. Encetando uma aproximação entre Modelagem Matemática e investigações matemáticas. In: CONFERÊNCIA NACIONAL SOBRE MODELAGEM NA EDUCAÇÃO MATEMÁTICA, 6., 2009, Londrina. *Anais*... VI CNMEM, 1, 2009. Londrina – PR. *Anais*... Londrina: UEL, 2009, 1 CD.

KNIJNIK, G.; WANDERER, F.; OLIVEIRA, C. J. de (Org.). *Etnomatemática, currículo e formação de professores*. Santa Cruz do Sul: EDUNISC, 2004.

LEINBACH, L. C. *Calculus With the Computer: a Laboratory Manual*. Washington: Prentice-Hall, 1974. 205 p.

LINGEFJÄRD, T. Modelling from Primary to Upper Secondary School: Findings of Empirical Research – Overview. In: KAISER, G.; BLUM, W.; FERRI, R. B.; STILLMAN, G. *Trends in Teaching and Learning of Mathematical Modelling* (Ed.). London, New York: Springer, 2011.

LINS, R. C. Por que discutir se teoria do conhecimento é relevante para a Educação Matemática. In: BICUDO, M. A. V. (Org.). *Pesquisa em Educação Matemática: concepções & perspectivas*. São Paulo: Editora UNESP, 1999.

LUZ, E. F. *Educação a Distância e Educação Matemática: contribuições mútuas no contexto teórico-metodológico*. 2003. 180 p. Tese (Doutorado em Engenharia de Produção e Sistemas) - Departamento de Engenharia de Produção e Sistemas, Universidade Federal de Santa Catarina, Florianópolis, 2003.

MACHADO, N. J. *Educação: projetos e valores*. São Paulo: Escrituras, 2000.

MACHADO, N. J. A vida, o jogo, o projeto. In: ARANTES, V. A. (Org.). *Jogo e projeto: pontos e contrapontos*. São Paulo: Summus, 2006.

MALHEIROS, A. P. S. *Educação Matemática online: a elaboração de Projetos de Modelagem Matemática*. 2008. Tese (Doutorado em Educação Matemática) - Instituto de Geociências e Ciências Exatas (IGCE), Universidade Estadual Paulista (UNESP), Rio Claro, 2008.

MALHEIROS, A. P. S. *A produção matemática dos alunos em ambiente de Modelagem*. Dissertação (Mestrado em Educação Matemática) - Instituto de Geociências e Ciências Exatas (IGCE), Universidade Estadual Paulista (UNESP), Rio Claro, 2004.

MARTINELLO, D. *Modelação Matemática, uma alternativa para o ensino da Matemática no primeiro grau*. 1994. 162 p. Dissertação (Mestrado em Educação) - Universidade Regional de Blumenau, Blumenau, 1994.

MIGUEL, A. História, filosofia e sociologia da Educação Matemática na formação do professor: um programa de pesquisa. *Educação e Pesquisa*, São Paulo: v. 31, n. 1, p. 137-152, jan./abr., 2005.

MONTEIRO, A.; POMPEU JÚNIOR, G. *A Matemática e os temas transversais*. São Paulo: Moderna, 2001.

MORIN, E. *Introdução ao pensamento complexo*. Lisboa, Portugal: Instituto Piaget, 1995.

OLIVEIRA, A. M. P. *Modelagem Matemática e as tensões nos discursos dos professores*. 2010. Tese (Doutorado em Ensino, Filosofia e História das Ciências) - Instituto de Física, Universidade Federal da Bahia, Universidade Estadual de Feira de Santana, Salvador, 2010.

OLIVEIRA, A. M. P.; BARBOSA, J. C. Modelagem Matemática e situações de tensão e as tensões na prática de modelagem. *Bolema*, Rio Claro, v. 24, n. 38, p. 265-296, abr. 2011.

OREY, D. C.; ROSA, M. Vinho e queijo: Etnomatemática e modelagem! *BOLEMA*, v. 20, p. 1-16, 2003.

ORLANDI, E. P. *As formas do silêncio: no movimento dos sentidos*. Campinas: Editora da Unicamp, 2007.

PINTO, N. B. *O erro como estratégia didática: estudos do erro no ensino da Matemática elementar*. Campinas: Papirus, 2000.

PIRES, C. M. C. *Currículos de Matemática: da organização linear à ideia de rede*. São Paulo: FTD, 2000b.

PIRES, C. M. C. Novos desafios para os cursos de Licenciatura em Matemática. *Educação Matemática em Revista*, ano 7, n. 8, p. 10-15, 2000a.

ROMA, J. E. *O curso de especialização em Educação Matemática da PUC-Campinas: reflexos na prática pedagógica dos egressos*. 2002. 208 p. Dissertação (Mestrado em Educação) - Pontifícia Universidade Católica de Campinas, Campinas. 2003.

RÜPPEL, G. Libertação da humanidade? Que tipo de desafio é globalismo. In: ROBINSON, G. (Ed.). *Desafios e Respostas*. Ministério Igreja no Terceiro Milênio: Implicações para a Educação Teológica, Bangalore 2000, p. 31-86.

SANTOS, M. Unidades de medida cotidianas em assentamentos sergipanos: varas, tarefas e celamins. In: SEMINÁRIO INTERNACIONAL DE PESQUISA EM EDUCAÇÃO MATEMÁTICA, 3., 2006, Águas de Lindoia. *Anais...* .Águas de Lindoia, 2006.

SCANDIUZZI, P. P. Água e óleo: Modelagem e Etnomatemática? *Bolema*. Rio Claro, v. 15, n. 17, p. 52-58, 2002.

SCHLIEMANN, A. D.; CARRAHER, W. D.; CARRAHER, T. N. *Na vida dez, na escola zero*. 13. ed. São Paulo: Cortez, 2003.

SIDEKUM, A. *Alteridade e multiculturalismo*. Ijui: Editora Unijui, 2003.

SILVA, S. F. *Sistema de numeração dos guaranis: caminhos para a prática pedagógica*. Dissertação. (Mestrado em Educação) - Programa de Pós-Graduação em Educação Científica e Tecnológica, Universidade Federal de Santa Catarina. Santa Catarina, Florianópolis, 2011.

SILVEIRA, E. *Modelagem Matemática em educação no Brasil: entendendo o universo de teses e dissertações*. 2007. 197 p. Dissertação (Mestrado em Educação) - Setor de Educação, UFPR, Curitiba, 2007.

SKOVSMOSE, O. *Towards a Philosophy of Critical Mathematics Education*. Dordrecht: Kluwer, 1994.

SKOVSMOSE, O. *Educação Crítica: incerteza, Matemática, responsabilidade*. Tradução de BICUDO, M. A. V. São Paulo: Cortez, 2007.

SKOVSMOSE, O. *Educação Matemática Crítica: a questão da democracia*. Campinas, Papirus, 2001.

SOUZA, E. G.; BARBOSA, J. C. Modelar matematicamente uma situação-problema: um enfoque participacionista. In: CONFERÊNCIA NACIONAL SOBRE MODELAGEM NA EDUCAÇÃO MATEMÁTICA, 6., 2009, Londrina. *Anais*.... VI CNMEM, 1, 2009. Londrina - PR. *Anais*... Londrina: UEL, 2009, 1 CD.

TOMAZ, V. S.; DAVID, M. M. M. S. *Interdisciplinaridade e aprendizagem da Matemática em sala de aula*. Belo Horizonte: Autêntica, 2008.

VIEIRA, E. M.; MARTINS, R.; BIEMBENGUT, M. S. Tendências de Modelagem Matemática nos cursos de Licenciatura de Matemática. In: CONFERÊNCIA NACIONAL SOBRE MODELAGEM NA EDUCAÇÃO MATEMÁTICA, 6., 2009, Londrina. *Anais*.... VI CNMEM, 1, 2009. Londrina – PR. *Anais*... Londrina: UEL, 2009, 1 CD.

VOS, P. Theoretical and Curricular Reflections on Mathematical Modelling – Overview. In: KAISER, G.; BLUM, W.; FERRI, R. B.; STILLMAN, G. *Trends in Teaching and Learning of Mathematical Modelling* (Ed.). London, New York: Springer, 2011.

WEIL, P.; D'AMBROSIO, U.; CREMA, R. *Rumo à nova transdisciplinaridade*. São Paulo: Modelagem Matemáticaus, 1993.

WITTGENSTEIN, L. *Investigações filosóficas*. Tradução: José Carlos Bruni. São Paulo: Nova Cultural, 1999.

Outros títulos da coleção

Tendências em Educação Matemática

A matemática nos anos iniciais do ensino fundamental – Tecendo fios do ensinar e do aprender

Autoras: *Adair Mendes Nacarato, Brenda Leme da Silva Mengali, Cármen Lúcia Brancaglion Passos*

Neste livro, as autoras discutem o ensino de Matemática nas séries iniciais do ensino fundamental num movimento entre o aprender e o ensinar. Consideram que essa discussão não pode ser dissociada de uma mais ampla, que diz respeito à formação das professoras polivalentes – aquelas que têm uma formação mais generalista em cursos de nível médio (Habilitação ao Magistério) ou em cursos superiores (Normal Superior e Pedagogia). Nesse sentido, elas analisam como têm sido as reformas curriculares desses cursos e apresentam perspectivas para formadores e pesquisadores no campo da formação docente. O foco central da obra está nas situações matemáticas desenvolvidas em salas de aula dos anos iniciais. A partir dessas situações, as autoras discutem suas concepções sobre o ensino de Matemática a alunos dessa escolaridade, o ambiente de aprendizagem a ser criado em sala de aula, as interações que ocorrem nesse ambiente e a relação dialógica entre alunos-alunos e professora-alunos que possibilita a produção e a negociação de significado.

Afeto em competições matemáticas inclusivas – A relação dos jovens e suas famílias com a resolução de problemas

Autoras: *Nélia Amado, Susana Carreira, Rosa Tomás Ferreira*

As dimensões afetivas constituem variáveis cada vez mais decisivas para alterar e tentar abolir a imagem fria, pouco entusiasmante e mesmo intimidante da Matemática aos olhos de muitos jovens e adultos. Sabe-se atualmente, de forma cabal, que os afetos (emoções, sentimentos, atitudes, percepções...) desempenham um papel central na aprendizagem da Matemática, designadamente na atividade de resolução de problemas. Na sequência do seu envolvimento em competições matemáticas inclusivas baseadas na internet, Nélia Amado, Susana Carreira e Rosa Tomás Ferreira debruçam-se sobre inúmeros dados e testemunhos que foram reunindo, através de questionários, entrevistas e conversas informais com alunos e pais, para caracterizar as dimensões afetivas presentes na participação de jovens alunos (dos 10 aos 14 anos) nos campeonatos de resolução de problemas SUB12 e SUB14. Neste livro, o leitor é convidado a percorrer várias das dimensões afetivas envolvidas na resolução de problemas desafiantes. A compreensão dessas dimensões ajudará a melhorar a relação das crianças e dos adultos com a Matemática e a formular uma imagem da Matemática mais humanizada, desafiante e emotiva.

Álgebra para a formação do professor – Explorando os conceitos de equação e de função
Autores: *Alessandro Jacques Ribeiro, Helena Noronha Cury*

Neste livro, Alessandro Jacques Ribeiro e Helena Noronha Cury apresentam uma visão geral sobre os conceitos de equação e de função, explorando o tópico com vistas à formação do professor de Matemática. Os autores trazem aspectos históricos da constituição desses conceitos ao longo da História da Matemática e discutem os diferentes significados que até hoje perpassam as produções sobre esses tópicos. Com vistas à formação inicial ou continuada de professores de Matemática, Alessandro e Helena enfocam, ainda, alguns documentos oficiais que abordam o ensino de equações e de funções, bem como exemplos de problemas encontrados em livros didáticos. Também apresentam sugestões de atividades para a sala de aula de Matemática, abordando os conceitos de equação e de função, com o propósito de oferecer aos colegas, professores de Matemática de qualquer nível de ensino, possibilidades de refletir sobre os pressupostos teóricos que embasam o texto e produzir novas ações que contribuam para uma melhor compreensão desses conceitos, fundamentais para toda a aprendizagem matemática.

Análise de erros – O que podemos aprender com as respostas dos alunos
Autora: *Helena Noronha Cury*

Neste livro, Helena Noronha Cury apresenta uma visão geral sobre a análise de erros, fazendo um retrospecto das primeiras pesquisas na área e indicando teóricos que subsidiam investigações sobre erros. A autora defende a ideia de que a análise de erros é uma abordagem de pesquisa e também uma metodologia de ensino, se for empregada em sala de aula com o objetivo de levar os alunos a questionarem suas próprias soluções.

O levantamento de trabalhos sobre erros desenvolvidos no país e no exterior, apresentado na obra, poderá ser usado pelos leitores segundo seus interesses de pesquisa ou ensino. A autora apresenta sugestões de uso dos erros em sala de aula, discutindo exemplos já trabalhados por outros investigadores. Nas conclusões, a pesquisadora sugere que discussões sobre os erros dos alunos venham a ser contempladas em disciplinas de cursos de formação de professores, já que podem gerar reflexões sobre o próprio processo de aprendizagem.

Aprendizagem em Geometria na educação básica – A fotografia e a escrita na sala de aula
Autores: *Cleane Aparecida dos Santos, Adair Mendes Nacarato*

Muitas pesquisas têm sido produzidas no campo da Educação Matemática sobre o ensino de Geometria. No entanto, o professor, quando deseja implementar atividades diferenciadas com seus alunos, depara-se com a escassez de materiais publicados. As autoras, diante dessa constatação, constroem, desenvolvem e analisam uma proposta alternativa para explorar os conceitos geométricos, aliando o uso de imagens fotográficas às produções escritas dos alunos. As autoras almejam que o compartilhamento da experiência vivida possa contribuir tanto para o campo da pesquisa quanto para as práticas pedagógicas dos professores que ensinam Matemática nos anos iniciais do ensino fundamental.

Brincar e jogar – enlaces teóricos e metodológicos no campo da Educação Matemática
Autor: *Cristiano Alberto Muniz*

Neste livro, o autor apresenta a complexa relação jogo/ brincadeira e a aprendizagem matemática. Além de discutir as diferentes perspectivas da relação jogo e Educação Matemática, ele favorece uma reflexão do quanto o conceito de Matemática implica a produção da concepção de jogos para a aprendizagem, assim como o delineamento conceitual do jogo nos propicia visualizar novas possibilidades de utilização dos jogos na Educação Matemática. Entrelaçando diferentes perspectivas teóricas e metodológicas sobre o jogo, ele apresenta análises sobre produções matemáticas realizadas por crianças em processo de escolarização em jogos ditos espontâneos, fazendo um contraponto às expectativas do educador em relação às suas potencialidades para a aprendizagem matemática. Ao trazer reflexões teóricas sobre o jogo na Educação Matemática e revelar o jogo efetivo das crianças em processo de produção matemática, a obra tanto apresenta subsídios para o desenvolvimento da investigação científica quanto para a práxis pedagógica por meio do jogo na sala de aula de Matemática.

Da etnomatemática a arte-design e matrizes cíclicas
Autor: *Paulus Gerdes*

Neste livro, o leitor encontra uma cuidadosa discussão e diversos exemplos de como a Matemática se relaciona com outras atividades humanas. Para o leitor que ainda não conhece o trabalho de Paulus Gerdes, esta publicação sintetiza uma parte considerável da obra desenvolvida pelo autor ao longo dos últimos 30 anos. E para quem já conhece as pesquisas de Paulus, aqui são abordados novos tópicos, em especial as matrizes cíclicas, ideia que supera não só a noção de que a Matemática é independente de contexto e deve ser pensada como o símbolo da pureza, mas também quebra, dentro da própria Matemática, barreiras entre áreas que muitas vezes são vistas de modo estanque em disciplinas da graduação em Matemática ou do ensino médio.

Descobrindo a Geometria Fractal – Para a sala de aula
Autor: *Ruy Madsen Barbosa*

Neste livro, Ruy Madsen Barbosa apresenta um estudo dos belos fractais voltado para seu uso em sala de aula, buscando a sua introdução na Educação Matemática brasileira, fazendo bastante apelo ao visual artístico, sem prejuízo da precisão e rigor matemático. Para alcançar esse objetivo, o autor incluiu capítulos específicos, como os de criação e de exploração de fractais, de manipulação de material concreto, de relacionamento com o triângulo de Pascal, e particularmente um com recursos computacionais com *softwares* educacionais em uso no Brasil. A inserção de dados e comentários históricos tornam o texto de interessante leitura. Anexo ao livro é fornecido o CD-Nfract, de Francesco Artur Perrotti, para construção dos lindos fractais de Mandelbrot e Julia.

Diálogo e aprendizagem em Educação Matemática
Autores: *Helle AlrØ e Ole Skovsmose*

Neste livro, os educadores matemáticos dinamarqueses Helle Alrø e Ole Skovsmose relacionam a qualidade do diálogo em sala de aula com a aprendizagem. Apoiados em ideias de Paulo Freire, Carl Rogers e da Educação Matemática Crítica, esses autores trazem exemplos da sala de aula para substanciar os modelos que propõem acerca das diferentes formas de comunicação na sala de aula. Este livro é mais um passo em direção à internacionalização desta coleção. Este é o terceiro título da coleção no qual autores de destaque do exterior juntam-se aos autores nacionais para debaterem as diversas tendências em Educação Matemática. Skovsmose participa ativamente da comunidade brasileira, ministrando disciplinas, participando de conferências e interagindo com estudantes e docentes do Programa de Pós-Graduação em Educação Matemática da Unesp, em Rio Claro.

Didática da Matemática – Uma análise da influência francesa
Autor: *Luiz Carlos Pais*

Neste livro, Luiz Carlos Pais apresenta aos leitores conceitos fundamentais de uma tendência que ficou conhecida como "Didática Francesa". Educadores matemáticos franceses, na sua maioria, desenvolveram um modo próprio de ver a educação centrada na questão do ensino da Matemática. Vários educadores matemáticos do Brasil adotaram alguma versão dessa tendência ao trabalharem com concepções dos alunos, com formação de professores, entre outros temas. O autor é um dos maiores especialistas no país nessa tendência, e o leitor verá isso ao se familiarizar com conceitos como transposição didática, contrato didático, obstáculos epistemológicos e engenharia didática, dentre outros.

Educação a Distância *online*
Autores: *Marcelo de Carvalho Borba, Ana Paula dos Santos Malheiros, Rúbia Barcelos Amaral*

Neste livro, os autores apresentam resultados de mais de oito anos de experiência e pesquisas em Educação a Distância *online* (EaDonline), com exemplos de cursos ministrados para professores de Matemática. Além de cursos, outras práticas pedagógicas, como comunidades virtuais de aprendizagem e o desenvolvimento de projetos de modelagem realizados a distância, são descritas. Ainda que os três autores deste livro sejam da área de Educação Matemática, algumas das discussões nele apresentadas, como formação de professores, o papel docente em EaDonline, além de questões de metodologia de pesquisa qualitativa, podem ser adaptadas a outras áreas do conhecimento. Neste sentido, esta obra se dirige àquele que ainda não está familiarizado com a EaDonline e também àquele que busca refletir de forma mais intensa sobre sua prática nesta modalidade educacional. Cabe destacar que os três autores têm ministrado aulas em ambientes virtuais de aprendizagem.

Educação Estatística - Teoria e prática em ambientes de modelagem matemática
Autores: *Celso Ribeiro Campos, Maria Lúcia Lorenzetti Wodewotzki, Otávio Roberto Jacobini*

Este livro traz ao leitor um estudo minucioso sobre a Educação Estatística e oferece elementos fundamentais para o ensino e a aprendizagem em sala de aula dessa disciplina, que vem se difundindo e já integra a grade curricular dos ensinos fundamental e médio. Os autores apresentam aqui o que apontam as pesquisas desse campo, além de fomentarem discussões acerca das teorias e práticas em interface com a modelagem matemática e a educação crítica.

Educação Matemática de Jovens e Adultos – Especificidades, desafios e contribuições
Autora: *Maria da Conceição F. R. Fonseca*

Neste livro, Maria da Conceição F. R. Fonseca apresenta ao leitor uma visão do que é a Educação de Adultos e de que forma essa se entrelaça com a Educação Matemática. A autora traz para o leitor reflexões atuais feitas por ela e por outros educadores que são referência na área de Educação de Jovens e Adultos no país. Este quinto volume da coleção "Tendências em Educação Matemática" certamente irá impulsionar a pesquisa e a reflexão sobre o tema, fundamental para a compreensão da questão do ponto de vista social e político.

Etnomatemática – Elo entre as tradições e a modernidade
Autor: *Ubiratan D'Ambrosio*

Neste livro, Ubiratan D'Ambrosio apresenta seus mais recentes pensamentos sobre Etnomatemática, uma tendência da qual é um dos fundadores. Ele propicia ao leitor uma análise do papel da Matemática na cultura ocidental e da noção de que Matemática é apenas uma forma de Etnomatemática. O autor discute como a análise desenvolvida é relevante para a sala de aula. Faz ainda um arrazoado de diversos trabalhos na área já desenvolvidos no país e no exterior.

Etnomatemática em movimento
Autoras: *Gelsa Knijnik, Fernanda Wanderer, Ieda Maria Giongo, Claudia Glavam Duarte*

Integrante da coleção "Tendências em Educação Matemática", este livro traz ao público um minucioso estudo sobre os rumos da Etnomatemática, cuja referência principal é o brasileiro Ubiratan D'Ambrosio. As ideias aqui discutidas tomam como base o desenvolvimento dos estudos etnomatemáticos e a forma como o movimento de continuidades e deslocamentos tem marcado esses trabalhos, centralmente ocupados em questionar a política do conhecimento dominante. As autoras refletem aqui sobre as discussões atuais em torno das pesquisas etnomatemáticas e o percurso tomado sobre essa vertente da Educação Matemática, desde seu surgimento, nos anos 1970, até os dias atuais.

Fases das tecnologias digitais em Educação Matemática – Sala de aula e internet em movimento
Autores: *Marcelo de Carvalho Borba, Ricardo Scucuglia Rodrigues da Silva, George Gadanidis*

Com base em suas experiências enquanto docentes e pesquisadores, associadas a uma análise acerca das principais pesquisas desenvolvidas no

Brasil sobre o uso de tecnologias digitais no ensino e aprendizagem de Matemática, os autores apresentam uma perspectiva fundamentada em quatro fases. Inicialmente, os leitores encontram uma descrição sobre cada uma dessas fases, o que inclui a apresentação de visões teóricas e exemplos de atividades matemáticas características em cada momento. Baseados na "perspectiva das quatro fases", os autores discutem questões sobre o atual momento (quarta fase). Especificamente, eles exploram o uso do *software* GeoGebra no estudo do conceito de derivada, a utilização da internet em sala de aula e a noção denominada performance matemática digital, que envolve as artes.

Este livro, além de sintetizar de forma retrospectiva e original uma visão sobre o uso de tecnologias em Educação Matemática, resgata e compila de maneira exemplificada questões teóricas e propostas de atividades, apontando assim inquietações importantes sobre o presente e o futuro da sala de aula de Matemática. Portanto, esta obra traz assuntos potencialmente interessantes para professores e pesquisadores que atuam na Educação Matemática.

Filosofia da Educação Matemática

Autores: *Maria Aparecida Viggiani Bicudo, Antonio Vicente Marafioti Garnica*

Neste livro, Maria Bicudo e Antonio Vicente Garnica apresentam ao leitor suas ideias sobre Filosofia da Educação Matemática. Eles propiciam ao leitor a oportunidade de refletir sobre questões relativas à Filosofia da Matemática, à Filosofia da Educação e mostram as novas perguntas que definem essa tendência em Educação Matemática. Neste livro, em vez de ver a Educação Matemática sob a ótica da Psicologia ou da própria Matemática, os autores a veem sob a ótica da Filosofia da Educação Matemática.

Formação matemática do professor – Licenciatura e prática docente escolar

Autores: *Plinio Cavalcante Moreira e Maria Manuela M. S. David*

Neste livro, os autores levantam questões fundamentais para a formação do professor de Matemática. Que Matemática deve o professor de Matemática estudar? A acadêmica ou aquela que é ensinada na escola? A partir de perguntas como essas, os autores questionam essas opções dicotômicas e apontam um terceiro caminho a ser seguido. O livro apresenta diversos exemplos do modo como os conjuntos numéricos são trabalhados na escola e na academia. Finalmente, cabe lembrar que esta publicação inova ao integrar o livro com a internet. No site da editora www.autenticaeditora.com.br, procure por Educação Matemática e pelo título "A formação matemática do professor: licenciatura e prática docente escolar", onde o leitor pode encontrar alguns textos complementares ao livro e apresentar seus comentários, críticas e sugestões, estabelecendo, assim, um diálogo online com os autores.

História na Educação Matemática – Propostas e desafios
Autores: *Antonio Miguel e Maria Ângela Miorim*

Neste livro, os autores discutem diversos temas que interessam ao educador matemático. Eles abordam História da Matemática, História da Educação Matemática e como essas duas regiões de inquérito podem se relacionar com a Educação Matemática. O leitor irá notar que eles também apresentam uma visão sobre o que é História e abordam esse difícil tema de uma forma acessível ao leitor interessado no assunto. Este décimo volume da coleção certamente transformará a visão do leitor sobre o uso de História na Educação Matemática.

Informática e Educação Matemática
Autores: *Marcelo de Carvalho Borba, Miriam Godoy Penteado*

Os autores tratam de maneira inovadora e consciente da presença da informática na sala de aula quando do ensino de Matemática. Sem prender-se a clichês que entusiasmadamente apoiam o uso de computadores para o ensino de Matemática ou criticamente negam qualquer uso desse tipo, os autores citam exemplos práticos, fundamentados em explicações teóricas objetivas, de como se pode relacionar Matemática e informática em sala de aula. Tratam também de questões políticas relacionadas à adoção de computadores e calculadoras gráficas para o ensino de Matemática.

Interdisciplinaridade e aprendizagem da Matemática em sala de aula
Autores: *Vanessa Sena Tomaz e Maria Manuela M. S. David*

Como lidar com a interdisciplinaridade no ensino da Matemática? De que forma o professor pode criar um ambiente favorável que o ajude a perceber o que e como seus alunos aprendem? Essas são algumas das questões elucidadas pelas autoras neste livro, voltado não só para os envolvidos com Educação Matemática como também para os que se interessam por educação em geral. Isso porque um dos benefícios deste trabalho é a compreensão de que a Matemática está sendo chamada a engajar-se na crescente preocupação com a formação integral do aluno como cidadão, o que chama a atenção para a necessidade de tratar o ensino da disciplina levando-se em conta a complexidade do contexto social e a riqueza da visão interdisciplinar na relação entre ensino e aprendizagem, sem deixar de lado os desafios e as dificuldades dessa prática.

Para enriquecer a leitura, as autoras apresentam algumas situações ocorridas em sala de aula que mostram diferentes abordagens interdisciplinares dos conteúdos escolares e oferecem elementos para que os professores e os formadores de professores criem formas cada vez mais produtivas de se ensinar e inserir a compreensão matemática na vida do aluno.

Investigações matemáticas na sala de aula
Autores: *João Pedro da Ponte, Joana Brocardo, Hélia Oliveira*

Neste livro, os autores – todos portugueses – analisam como práticas de investigação desenvolvidas por matemáticos podem ser trazidas para a sala de aula. Eles mostram resultados de pesquisas ilustrando as vantagens e dificuldades de se trabalhar com tal perspectiva em Educação Matemática. Geração de conjecturas, reflexão e formalização do conhecimento são aspectos discutidos pelos autores ao analisarem os papéis de alunos e professores em sala de aula quando lidam com problemas em áreas como geometria, estatística e aritmética.

Lógica e linguagem cotidiana – Verdade, coerência, comunicação, argumentação
Autores: *Nílson José Machado e Marisa Ortegoza da Cunha*

Neste livro, os autores buscam ligar as experiências vividas em nosso cotidiano a noções fundamentais tanto para a Lógica como para a Matemática. Através de uma linguagem acessível, o livro possui uma forte base filosófica que sustenta a apresentação sobre Lógica e certamente ajudará a coleção a ir além dos muros do que hoje é denominado Educação Matemática. A bibliografia comentada permitirá que o leitor procure outras obras para aprofundar os temas de seu interesse, e um índice remissivo, no final do livro, permitirá que o leitor ache facilmente explicações sobre vocábulos como contradição, dilema, falácia, proposição e sofisma. Embora este livro seja recomendado a estudantes de cursos de graduação e de especialização, em todas as áreas, ele também se destina a um público mais amplo. Visite também o site *www.rc.unesp.br/igce/pgem/gpimem.html.*

Matemática e arte
Autor: *Dirceu Zaleski Filho*

Neste livro, Dirceu Zaleski Filho propõe reaproximar a Matemática e a arte no ensino. A partir de um estudo sobre a importância da relação entre essas áreas, o autor elabora aqui uma análise da contemporaneidade e oferece ao leitor uma revisão integrada da História da Matemática e da História da Arte, revelando o quão benéfica sua conciliação pode ser para o ensino. O autor sugere aqui novos caminhos para a Educação Matemática, mostrando como a Segunda Revolução Industrial – a eletroeletrônica, no século XXI – e a arte de Paul Cézanne, Pablo Picasso e, em especial, Piet

Mondrian contribuíram para essa reaproximação, e como elas podem ser importantes para o ensino de Matemática em sala de aula.

Matemática e Arte é um livro imprescindível a todos os professores, alunos de graduação e de pós-graduação e, fundamentalmente, para professores da Educação Matemática.

O uso da calculadora nos anos iniciais do ensino fundamental
Autoras: *Ana Coelho Vieira Selva e Rute Elizabete de Souza Borba*

Neste livro, Ana Selva e Rute Borba abordam o uso da calculadora em sala de aula, desmistificando preconceitos e demonstrando a grande contribuição dessa ferramenta para o processo de aprendizagem da Matemática. As autoras apresentam pesquisas, analisam propostas de uso da calculadora em livros didáticos e descrevem experiências inovadoras em sala de aula em que a calculadora possibilitou avanços nos conhecimentos matemáticos dos estudantes dos anos iniciais do ensino fundamental. Trazem também diversas sugestões de uso da calculadora na sala de aula que podem contribuir para um novo olhar, por parte dos professores, para o uso dessa ferramenta no cotidiano da escola.

Pesquisa em ensino e sala de aula – Diferentes vozes em uma investigação
Autores: *Marcelo de Carvalho Borba, Helber Rangel Formiga Leite de Almeida, Telma Aparecida de Souza Gracias*

Pesquisa em ensino e sala de aula: diferentes vozes em uma investigação não se trata apenas de uma obra sobre metodologia de pesquisa: neste livro, os autores abordam diversos aspectos da pesquisa em ensino e suas relações com a sala de aula. Motivados por uma pergunta provocadora, eles apontam que as pesquisas em ensino são instigadas pela vivência dos professores em suas salas de aulas, e esse "cotidiano" dispara inquietações acerca de sua atuação, de sua formação, entre outras. Ainda, os autores lançam mão da metáfora das "vozes" para indicar que o pesquisador, seja iniciante ou mesmo experiente, não está sozinho em uma pesquisa, ele "escuta" a literatura e os referenciais teóricos e os entrelaça com a metodologia e os dados produzidos.

Pesquisa Qualitativa em Educação Matemática
Organizadores: *Marcelo de Carvalho Borba, Jussara de Loiola Araújo*

Os autores apresentam, neste livro, algumas das principais tendências no que tem sido denominado "Pesquisa Qualitativa em Educação Matemática". Essa visão de pesquisa está baseada na ideia de que há sempre um aspecto subjetivo no conhecimento produzido. Não há, nessa visão, neutralidade no conhecimento que se constrói. Os quatro capítulos explicam quatro linhas de pesquisa em Educação Matemática, na vertente qualitativa, que são representativas do que de importante vem sendo feito no Brasil. São capítulos que revelam a originalidade de seus autores na criação de novas direções de pesquisa.

Psicologia na Educação Matemática
Autor: *Jorge Tarcísio da Rocha Falcão*

Neste livro, o autor apresenta ao leitor a Psicologia da Educação Matemática, embasando sua visão em duas partes. Na primeira, ele discute temas como psicologia do desenvolvimento e psicologia escolar e da aprendizagem, mostrando como um novo domínio emerge dentro dessas áreas mais tradicionais. Em segundo lugar, são apresentados resultados de pesquisa, fazendo a conexão com a prática daqueles que militam na sala de aula. O autor defende a especificidade deste novo domínio, na medida em que é relevante considerar o objeto da aprendizagem, e sugere que a leitura deste livro seja complementada por outros desta coleção, como *Didática da Matemática: sua influência francesa, Informática e Educação Matemática e Filosofia da Educação Matemática.*

Relações de gênero, Educação Matemática e discurso – Enunciados sobre mulheres, homens e matemática
Autoras: *Maria Celeste Reis Fernandes de Souza, Maria da Conceição F. R. Fonseca*

Neste livro, as autoras nos convidam a refletir sobre o modo como as relações de gênero permeiam as práticas educativas, em particular as que se constituem no âmbito da Educação Matemática. Destacando o caráter discursivo dessas relações, a obra entrelaça os conceitos de *gênero*, *discurso* e *numeramento* para discutir enunciados envolvendo mulheres, homens e Matemática. As autoras elegeram quatro enunciados que circulam recorrentemente em diversas práticas sociais: "Homem é melhor em Matemática (do que mulher)"; "Mulher cuida melhor... mas precisa ser cuidada"; "O que é escrito vale mais" e "Mulher também tem direitos". A análise que elas propõem aqui mostra como os discursos sobre relações de gênero e matemática repercutem e produzem desigualdades, impregnando um amplo espectro de experiências que abrange aspectos afetivos e laborais da vida doméstica, relações de trabalho e modos de produção, produtos e estratégias da mídia, instâncias e preceitos legais e o cotidiano escolar.

Tendências internacionais em formação de professores de Matemática
Organizador: *Marcelo de Carvalho Borba*

Neste livro, alguns dos mais importantes pesquisadores em Educação Matemática, que trabalham em países como África do Sul, Estados Unidos,

Israel, Dinamarca e diversas Ilhas do Pacífico, nos trazem resultados dos trabalhos desenvolvidos. Esses resultados e os dilemas apresentados por esses autores de renome internacional são complementados pelos comentários que Marcelo C. Borba faz na apresentação, buscando relacionar as experiências deles com aquelas vividas por nós no Brasil. Borba aproveita também para propor alguns problemas em aberto, que não foram tratados por eles, além de destacar um exemplo de investigação sobre a formação de professores de Matemática que foi desenvolvida no Brasil.

Este livro foi composto com tipografia Minion Pro e impresso
em papel Off-White 70 g/m² na Formato Artes Gráficas.